Massimo Bergamini
Graziella Barozzi

1 Matematica.in3passi

Impara con l'eBook

1 REGÌSTRATI

Vai su **my.zanichelli.it** e iscriviti come studente

2 ATTIVA IL TUO LIBRO

Nella tua area **myZanichelli**, clicca su **attiva opera** e inserisci la **chiave di attivazione** che trovi sul bollino argentato in questa pagina

3 CLICCA SULLA COPERTINA

Puoi:
- sfogliare l'**eBook online**
- **scaricarlo offline** sul tuo computer o sul tuo tablet

ZANICHELLI

SOMMARIO

SEZIONE A
INSIEMI E NUMERI

SEZIONE B
CALCOLO ALGEBRICO

SEZIONE D
STATISTICA

SEZIONE E
GEOMETRIA

SEZIONE A
INSIEMI E NUMERI

CAPITOLO 1

INSIEMI

1 Che cos'è un insieme?

Elencazione

$V = \{a, e, i, o, u\}$

(a → elemento; V → insieme)

Proprietà caratteristica

$V = \{x \mid x \text{ è una vocale}\}$

(| → «tale che»)

Diagramma di Venn

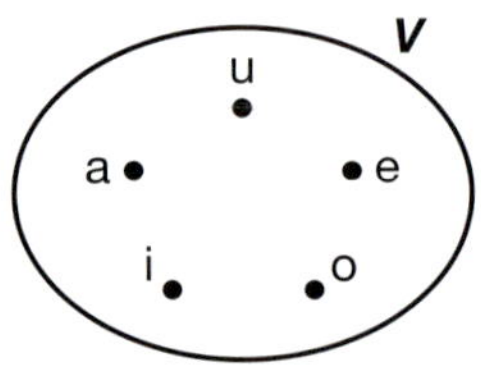

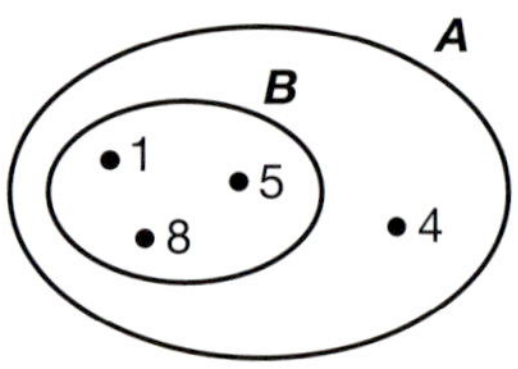

Sottoinsieme

$B \subseteq A$

1, 5, 8 $\in A$

Sottoinsieme proprio

$B \subset A$

$B \subseteq A$, $4 \in A$ e $4 \notin B$

Un **insieme** è un raggruppamento di oggetti, descritto per elencazione o con la proprietà caratteristica o mediante diagramma di Venn. Ognuno di questi oggetti è un **elemento** dell'insieme e diciamo che **appartiene** all'insieme.

In simboli: $\in$ significa «appartiene», $\notin$ significa «non appartiene».

Un insieme deve essere **ben definito**, cioè deve essere sempre possibile dire se un oggetto appartiene o non appartiene all'insieme.

Con $\varnothing$ indichiamo l'**insieme vuoto**, cioè l'insieme che non ha elementi.

Se ogni elemento dell'insieme B appartiene all'insieme A, diciamo che B è **sottoinsieme** di A. In simboli: $B \subseteq A$.

Se c'è almeno un elemento di A che non appartiene a B, diciamo che B è un **sottoinsieme proprio**. In simboli: $B \subset A$.

Ogni insieme è sottoinsieme di se stesso, l'insieme vuoto è sottoinsieme di tutti gli insiemi: $A \subseteq A$, $\varnothing \subseteq A$, con A qualsiasi.

PROVA SUBITO Associa ogni insieme a un suo sottoinsieme.

a. $\{1, 2, 3, 4\}$ **b.** $\{3, 7, 15\}$ **c.** $\{2, 7, 13, 15\}$ **d.** $\{8, 9, 10\}$

1. $\{8\}$ **2.** $\{3, 15\}$ **3.** $\{1, 2\}$ **4.** $\{2, 15\}$

Descrivili mediante quattro diagrammi di Venn.

Esercizi

Definizione di insieme

1 ●○ **Vero o falso?** Costituiscono un insieme:

a. i numeri di telefono dei tuoi compagni di classe. V F

b. gli alberi più alti del giardino. V F

c. i giocatori della NBA alti più di 220 cm. V F

d. i film più belli dell'anno. V F

2 ●○ **Trova l'errore.** Quali fra le seguenti scritture *non* sono formalmente corrette?

$3 \in \mathbb{N}$	$4 \in \{2, 4, 6, 8, ...\}$	$2 \in 523$
$k \in \{k\}$	lettera $\in \{l, e, t, r, a\}$	$\{3, 5\} \in 3$
$5 \notin \varnothing$	$\{a, e, r, o\} \in$ aereo	$\{2\} \notin \{3, 5\}$

3 e k sono elementi; {3} e {k} sono insiemi.

Rappresentazione degli insiemi

3 **ESERCIZIO GUIDA**

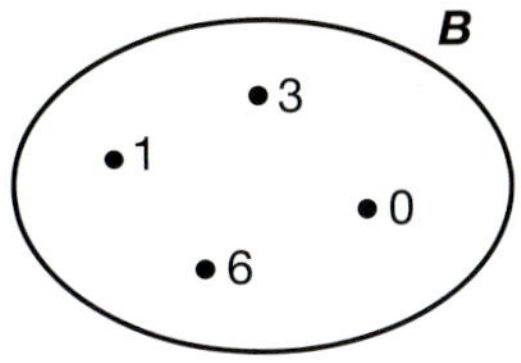

$A = \{2, 4, 6, 8, 10\}$

$C = \{x \mid x$ è una lettera della parola «insieme»$\}$

A è rappresentato per elencazione, B con diagramma di Venn e C mediante proprietà caratteristica. **Rappresentiamo** ognuno dei tre insiemi negli altri due modi possibili.

Come si risolve

Elencazione	Proprietà caratteristica	Diagramma di Venn
$A = \{2, 4, 6, 8, 10\}$	$A = \{x \in \mathbb{N} \mid x$ è pari e $0 < x \leq 10\}$ (*x* indica un elemento generico)	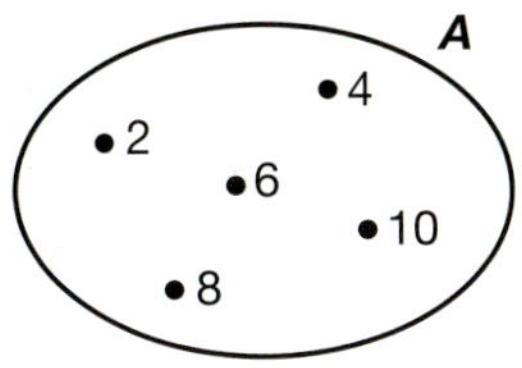
$B = \{0, 1, 3, 6\}$	$B = \{x \mid x$ è una cifra del numero 6013$\}$	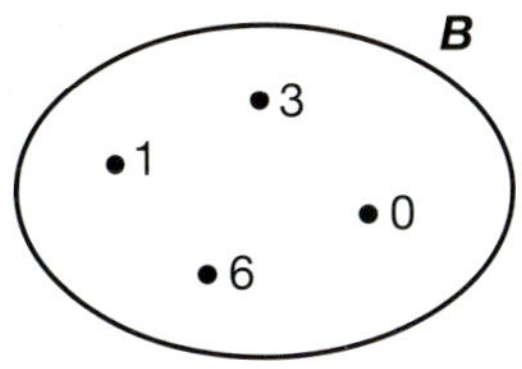
$C = \{i, n, s, e, m\}$ (ogni elemento deve comparire una sola volta)	$C = \{x \mid x$ è lettera della parola «insieme»$\}$	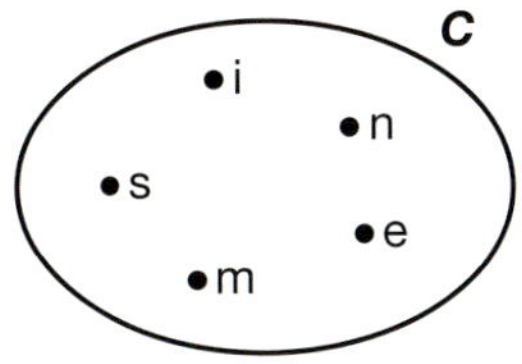

4 ●○ **Rappresenta** mediante proprietà caratteristica:

a. un insieme finito, i cui elementi non sono numeri;

b. un insieme infinito, i cui elementi sono numeri;

c. l'insieme dei numeri naturali minori di 5.

5 **Rappresenta** per elencazione gli insiemi:

a. $A = \{x \mid x$ è un multiplo di 5 e $x < 25\}$;

b. $B = \{x \mid x$ è una lettera della parola «penna»$\}$.

6 **Rappresenta** mediante proprietà caratteristica gli insiemi:

a. $A = \{$blu, giallo, rosso$\}$;

b. $B = \{$Africa, America, Asia, Europa, Oceania$\}$;

c. $C = \{$primavera, estate, autunno, inverno$\}$;

d. $D = \{$fante, cavallo, re$\}$.

7 **Rappresenta** i seguenti insiemi in tutti i modi possibili:

a. l'insieme delle cifre del numero 1758;

b. l'insieme dei numeri dispari minori di 8;

c. l'insieme delle consonanti della parola «partita».

Per esempio

elemento — $3 \in \mathbb{N}$ — insieme

insieme — $A \subseteq B$ — insieme

Sottoinsiemi

8 **Completa** con i simboli $\in$, $\notin$, $\subseteq$, $\subset$, $\not\subset$ osservando il diagramma di Venn.

a. $5\ \boxed{\in}\ P$; $\quad Q\ \square\ P$; $\quad \varnothing\ \square\ P$.

b. $15\ \square\ P$; $\quad P\ \square\ Q$; $\quad \{4\}\ \square\ Q$.

c. $7\ \square\ Q$; $\quad Q\ \square\ \varnothing$; $\quad \{2, 5, 12\}\ \square\ Q$.

d. $\{2\}\ \square\ Q$; $\quad P\ \square\ P$; $\quad \{7, 4\}\ \square\ Q$.

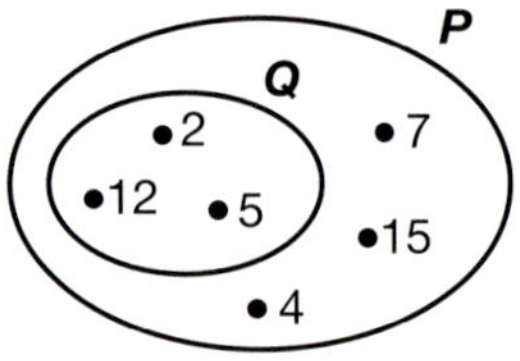

9 **Associa** ogni frase alla corrispondente espressione simbolica.

a. A è sottoinsieme proprio di B. — **1.** $B \subseteq A$

b. B è sottoinsieme di A. — **2.** $A \not\subset B$

c. A è incluso in B. — **3.** $B \subset A$

d. A non è sottoinsieme proprio di B. — **4.** $A \subseteq B$

e. B è incluso strettamente in A. — **5.** $A \subset B$

10 **Rappresenta** con diagramma di Venn gli insiemi:

a. $A = \{-2, 3, 5, 7, 8\}$; **b.** $B = \{-1, 3, 7\}$; **c.** $C = \{3, 7\}$.

Gli insiemi B e C sono sottoinsiemi di A? C è sottoinsieme di B?

Stabilisci se gli insiemi *A*, *B* e *C* sono sottoinsiemi dell'insieme *H* e, in caso affermativo, specifica se propri o impropri.

11 $A = \{10, 2, 6, 8, 4, 0\}$;
$B = \{0, 10, 12\}$;
$C = \{2, 6, 10\}$;
$H = \{0, 2, 4, 6, 8, 10\}$.

12 $A = \varnothing$;
$B = \{$c, h, i$\}$;
$C = \{$a, e, i, o, u$\}$;
$H = \{$a, b, c, d, e, f, g, h, i$\}$.

2 Operazioni con gli insiemi

Unione e intersezione

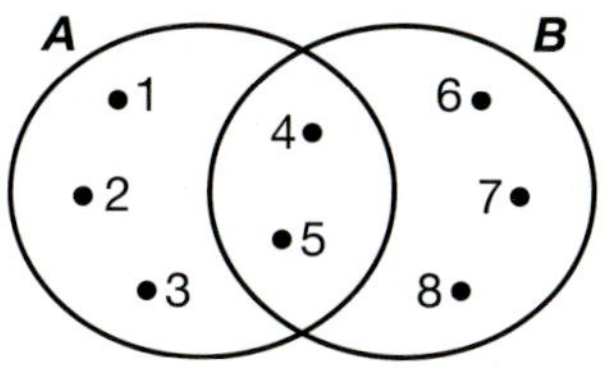

$A = \{1, 2, 3, 4, 5\}$, $B = \{4, 5, 6, 7, 8\}$

$A \cup B = \{1, 2, 3, 4, 5, 6, 7, 8\}$ → unione

$A \cap B = \{4, 5\}$ → intersezione

Dati gli insiemi A e B, l'**unione** $A \cup B$ è l'insieme degli elementi che appartengono ad A **o** a B, l'**intersezione** $A \cap B$ è l'insieme degli elementi che appartengono ad A **e** a B.

PROVA SUBITO Scrivi unione e intersezione di $A = \{a, b, c, d, e\}$ e $B = \{a, e, i, o, u\}$.

Differenza e complementare

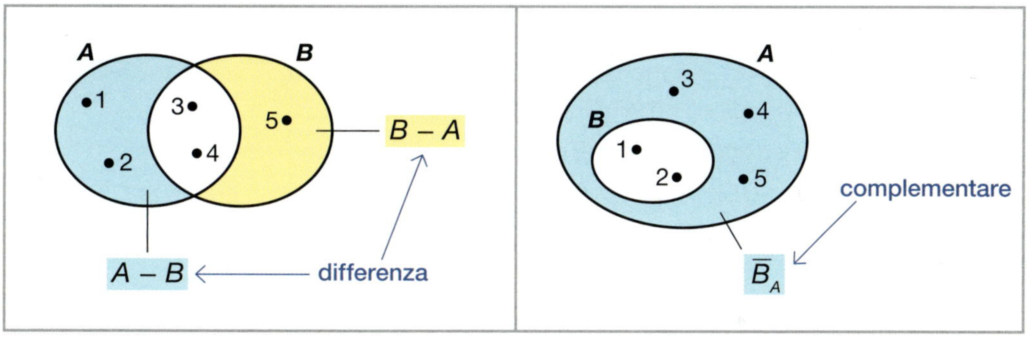

La **differenza** di due insiemi A e B è l'insieme $A - B$ degli elementi di A che **non** appartengono a B.
Se $B \subseteq A$, $A - B = \overline{B}_A$ è l'insieme **complementare** di B rispetto ad A.

PROVA SUBITO Se $A = \{5, 10, 8, 20\}$ e $B = \{15, 20\}$, determina $A - B$ e $B - A$.

Prodotto cartesiano

$A = \{a, b, c\}$; $B = \{1, 2\}$.

$A \times B = \{(a; 1), (a; 2), (b; 1), (b; 2), (c; 1), (c; 2)\}$ → prodotto cartesiano

(b; 2) → coppia ordinata: $(b; 2) \neq (2; b)$

Il **prodotto cartesiano** di due insiemi A e B è l'insieme delle coppie ordinate $(a; b)$, dove a è un elemento di A e b è un elemento di B.

PROVA SUBITO Scrivi i prodotti cartesiani $A \times B$ e $B \times A$ degli insiemi:
$A = \{$italiano, matematica, inglese$\}$; $B = \{$Matteo, Luca$\}$.
$A \times B$ e $B \times A$ sono uguali? Hanno lo stesso numero di elementi?

Esercizi

Unione e intersezione

13 **Completa** le tabelle se $A=\{6, 9, 12\}$, $B=\{6, 12\}$ e $C=\{4, 9\}$.

∪	***A***	***B***	***C***	∅
A	A	A		
B				
C				
∅				

∩	***A***	***B***	***C***	∅
A	A		{9}	
B				
C				
∅				

14 **Vero o falso?**

a. $A \cap \emptyset = \emptyset$ V F **b.** $(A \cap \emptyset) \cup \emptyset = A$ V F **c.** $A \cap A = A \cup \emptyset$ V F

15 **Completa** inserendo i simboli ∩, ∪, ⊆, ⊂.

a. Se $A \subset B$, allora A [∪] $B = B$ e A [ ] $B = A$.

b. Se A e B sono due insiemi disgiunti, allora A [ ] $B = \emptyset$ e A [ ] $A \cup B$.

c. Per ogni insieme A e B, con $A \neq B$, vale:
$A \cap B$ [ ] A; $A \cap B$ [ ] B;
A [ ] $A \cup B$; B [ ] $A \cup B$.

Aiutati disegnando dei diagrammi di Venn con le caratteristiche indicate.

Colora in ognuno dei seguenti diagrammi di Venn gli insiemi indicati.

16

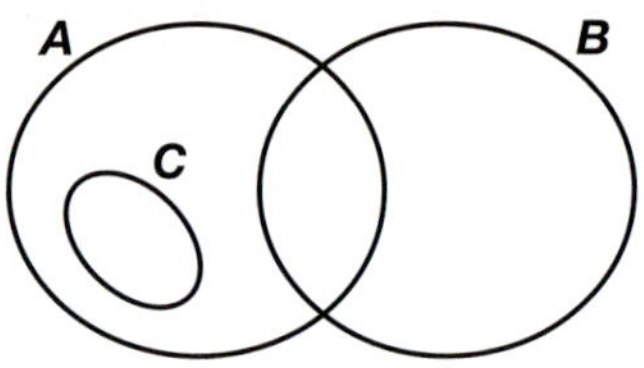

a. $(A \cap C) \cup (B \cap A)$

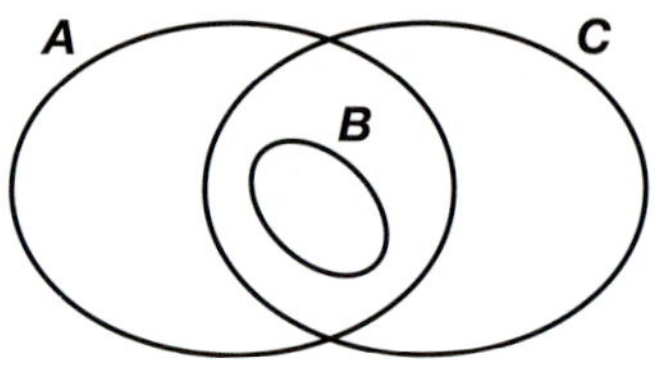

b. $(A \cup B) \cap C$

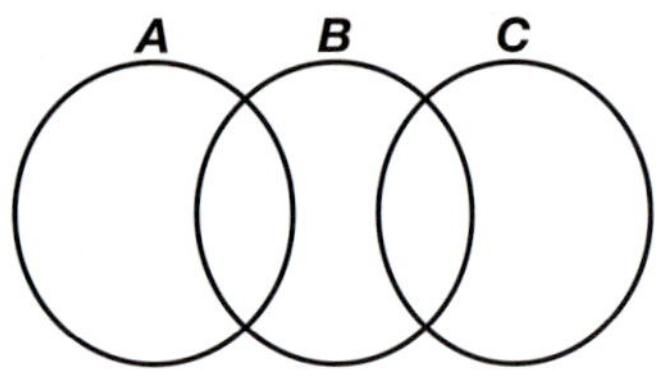

c. $(A \cup C) \cap B$

17

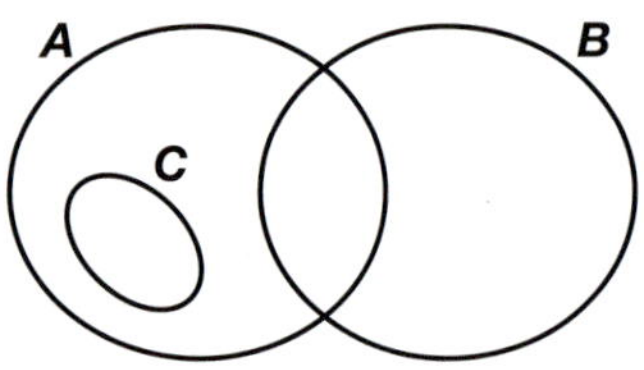

a. $A \cap (C \cup B)$

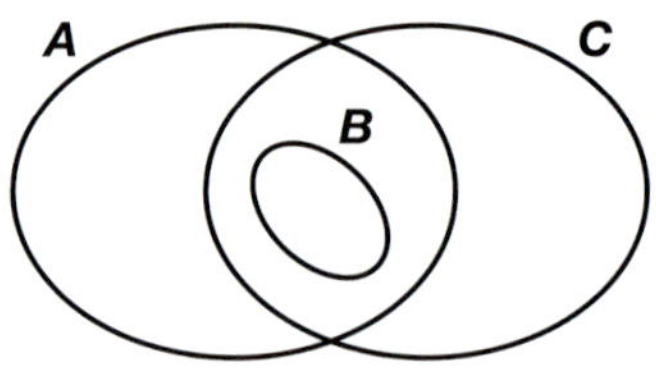

b. $(A \cap C) \cap B$

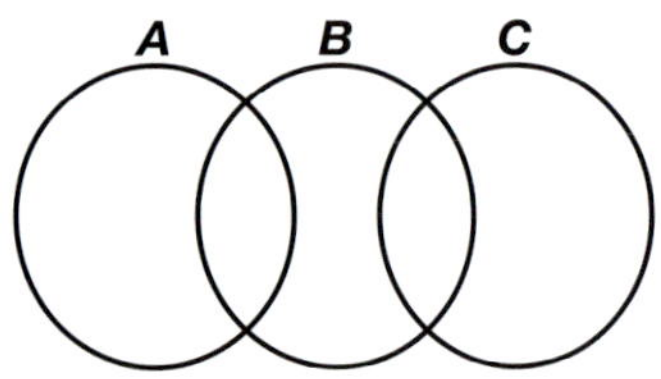

c. $(B \cup C) \cap A$

Determina l'unione e l'intersezione delle seguenti coppie di insiemi; rappresentale mediante proprietà caratteristica, per elencazione e con diagramma di Venn.

18 $P = \{x \mid x$ è pari e $8 < x < 13\}$; $Q = \{x \mid 8 \leq x \leq 12\}$.

19 $A = \{x \mid x$ è una lettera della parola «classe»$\}$;
$B = \{x \mid x$ è una lettera doppia della parola «classe»$\}$.

Differenza e complementare

20 **Completa** la tabella.

A	{7, 12, 5}	{1, 3, 6}	{1, 2, 3}	{5, 10, 3}
B	{7, 13}	{1, 6}	{5, 6, 7}	{3, 5, 10}
A*–*B	{12, 5}			
B*–*A				

21 **Vero o falso?**

a. $\overline{B}_A$ è l'insieme complementare di A rispetto a B. V F

b. $\overline{P}_Q$ è definito se $P \subseteq Q$. V F

c. $\overline{A}_A = A$. V F

d. $\overline{A}_B = B - A$. V F

22 **Test.** Quale fra le seguenti espressioni rappresenta la parte colorata?

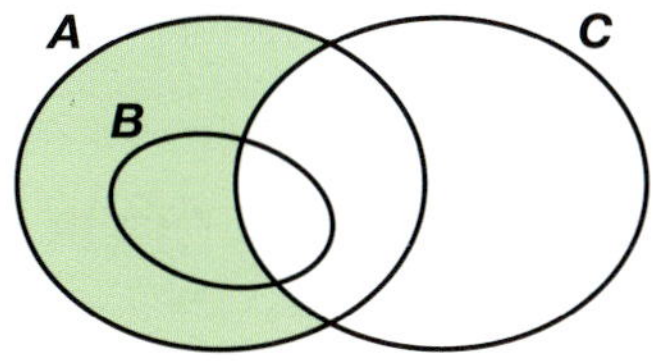

A $(C - A) \cup (A \cap B)$

B $\overline{B}_A \cup (C - A)$

C $\overline{C}_A \cup B$

D $B \cup \overline{A}_C$

23 Considera gli insiemi $A = \{2, 4, 9, 13\}$, $B = \{9, 4\}$, $C = \{13, 5, 7, 4\}$.
Verifica le seguenti uguaglianze scrivendo gli insiemi per elencazione e rappresentandoli con i diagrammi di Venn.

a. $(A \cap C) \cup (A \cap B) = B \cup (C \cap A)$

b. $[(A - B) \cup C] \cap B = C \cap B$

c. $\overline{B}_A \cap C = (A \cap C) - B$

Risolvi i seguenti problemi.

24 **Insiemi a scuola** In una classe ci sono 27 alunni di cui 12 portano gli occhiali, 7 l'apparecchio ai denti e 3 sia gli occhiali sia l'apparecchio.
Quanti ragazzi della classe non portano né gli occhiali né l'apparecchio?
Quanti hanno gli occhiali o l'apparecchio?
Rispondi dopo aver completato il diagramma di Venn in modo opportuno. [11; 16]

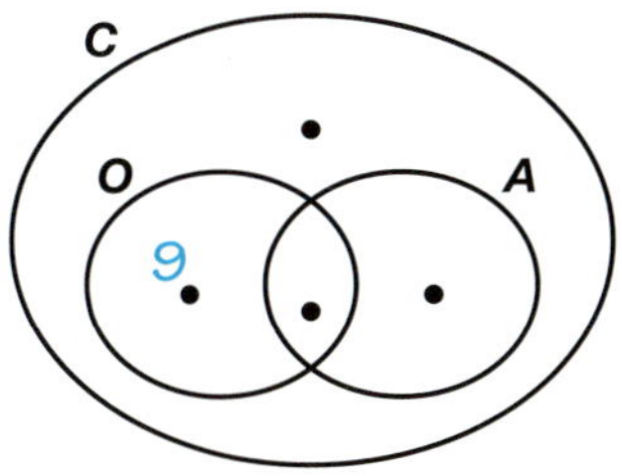

25 **Gite** In un gruppo di 18 amici, 12 hanno già visitato Venezia e 14 Firenze. Quanti sono stati sia a Venezia sia a Firenze? Quanti sono stati solo a Venezia? [8; 4]

Prodotto cartesiano

26 **ESERCIZIO GUIDA**

Dati gli insiemi $A = \{1, 3, 6\}$ e $B = \{4, 6\}$, **rappresentiamo** $A \times B$ e $B \times A$ per elencazione e mediante un diagramma cartesiano.

Come si risolve

Il prodotto cartesiano $A \times B$ è l'insieme di tutte le coppie ordinate con il primo elemento che appartiene ad A e il secondo che appartiene a B:

$A \times B = \{(1; 4), (1; 6), (3; 4), (3; 6), (6; 4), (6; 6)\}$.

Analogamente, otteniamo:

$B \times A = \{(4; 1), (4; 3), (4; 6), (6; 1), (6; 3), (6; 6)\}$.

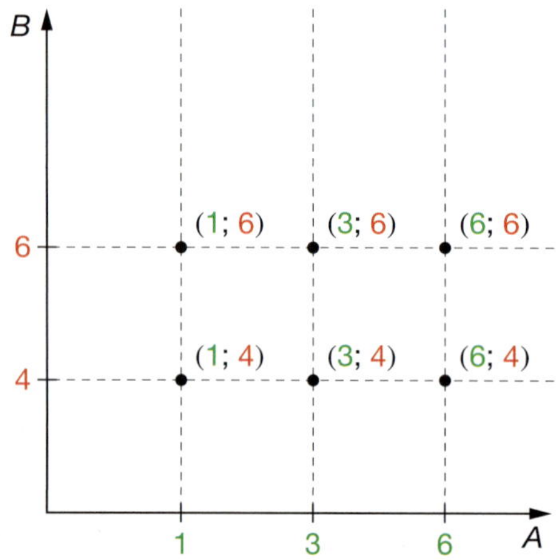

$A \times B$

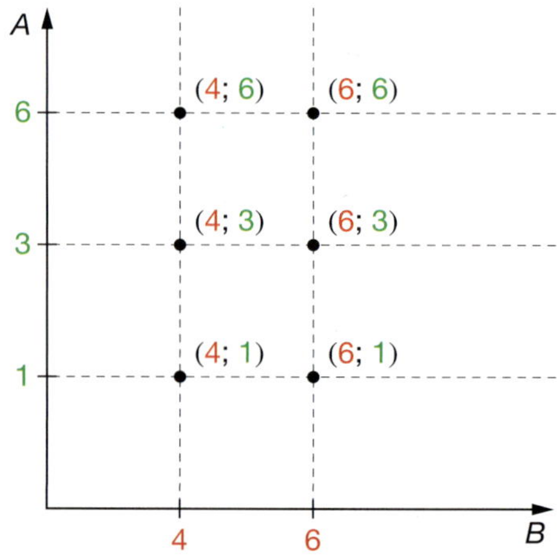

$B \times A$

Per ogni coppia di insiemi A e B, rappresenta $A \times B$ e $B \times A$ per elencazione e con diagramma cartesiano.

27 $A = \{4, 9\}$; $B = \{3\}$.

28 $A = B = \{2, 3, 4\}$.

29 $A = \{4, 7, 10\}$; $B = \{3, 5\}$.

30 $A = \{1\}$; $B = \{3, 4, 5\}$.

Per ogni coppia di insiemi A e B, rappresenta $A \times A$, $B \times B$, $A \times B$ e $B \times A$ per elencazione e con diagramma cartesiano.

31 $A = \{k, t\}$; $B = \{0, 1\}$.

32 $A = \{2, 4, 6\}$; $B = \{x, y\}$.

Considera gli insiemi $A = \{a, b, c\}$, $B = \{a, e\}$, $C = \{1, 2\}$, e determina i seguenti insiemi.

33 $(A \times C) \cap (B \times C)$; $C \times (A \cup B)$.

34 $(A \times B) \cup (B \times A)$; $(B \cup A) \times C$.

---

35 I due premi per i vincitori di una lotteria sono sorteggiati da due differenti liste.

1. Cotechino
2. 1 kg di prosciutto
3. 1 kg di mortadella

1. 10 kg di cozze
2. 50 ostriche

Quante e quali sono le possibili coppie di premi?

ESERCIZI DI RIEPILOGO INSIEMI

Rappresenta i seguenti insiemi nei tre modi possibili.

1 L'insieme dei divisori di 18.

2 L'insieme delle lettere della parola «crescere».

3 L'insieme dei multipli di 4 minori di 25.

---

4 **Vero o falso?** Dato l'insieme $A = \{x \in \mathbb{N} \mid x$ è pari e $4 \leq x \leq 10\}$, si ha:

a. $\{6\} \in A$. V F

b. $\{6\} \subseteq A$. V F

c. $5 \notin A$. V F

d. $4 \subset A$. V F

e. $\varnothing \in A$. V F

f. $\{4, 6, 8\} \subset A$. V F

Dopo aver ricopiato più volte la figura, colora i seguenti insiemi.

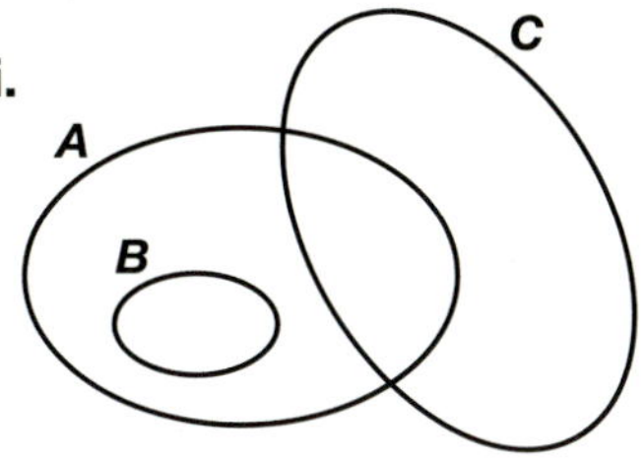

5 $A \cap B$; $B \cup C$; $(A \cup B) \cap C$.

6 $(C \cap A) \cup B$; $C - A$; $(A \cup C) - B$.

Se $A = \{x \mid x$ è una lettera di «foglio»$\}$, $B = \{x \mid x$ è una lettera di «carta»$\}$ e $C = \{x \mid x$ è una lettera di «libro»$\}$, determina i seguenti insiemi.

7 $(A \cap C) \cup B$.

8 $C \cap (A \cup B)$.

9 $(A \cup C) \cap B$.

10 $(A \cap B) \cup (A \cap C)$.

Rappresenta per elencazione e con un diagramma cartesiano $A \times A$, $B \times B$, $A \times B$, $B \times A$.

11 $A = \{a, b\}$; $B = \{c, d\}$.

12 $A = \{1, 2\}$; $B = \{x, y, z\}$.

Determina $A - B$ e $B - A$ con i seguenti insiemi.

13 $A = \{1, 3, 5, 7\}$; $B = \{3, 7\}$.

14 $A = \{0, 10, 20, 40, 50\}$; $B = \{20, 30, 60, 70\}$.

Dato l'insieme $U = \{1, 2, 3, 4, 5, 6, 7, 8, 9, 10\}$ e gli insiemi $A = \{2, 4, 6, 8, 10\}$, $B = \{3, 4, 5\}$, determina e rappresenta con i diagrammi di Venn i seguenti insiemi, dove i complementari di A e B sono rispetto a U.

15 $\overline{A}$; $\overline{A} \cap B$; $A \cup \overline{B}$; $\overline{B} - A$.

16 $(B - A) \cup \overline{B}$; $(A \cap B) \times \overline{A}$; $(A \cap \overline{B}) \cup B$.

---

17 **Tecnologia** In una classe di 20 studenti, 16 possiedono un tablet e 11 un computer portatile. Sapendo che gli studenti che hanno il tablet ma non il portatile sono 9, quanti sono quelli che hanno solo il portatile? [4]

18 **Tempo libero** In un gruppo di 6 amici, 4 praticano uno sport e 3 vanno in palestra. Ognuno compie una delle due attività. Quanti praticano uno sport e vanno in palestra? [1]

19 **A tutta musica** In 1ª D, 12 studenti ascoltano musica rock, 8 ascoltano hip-hop, 2 ascoltano entrambi i generi. Sapendo che 6 studenti non ascoltano né rock né hip-hop, quanti sono gli studenti della 1ª D? [24]

20 **Strumento o solfeggio** In una scuola di musica ci sono 90 iscritti. Di questi, 64 sono iscritti solo al corso di strumento e 6 solo a quello di solfeggio. Quanti sono gli iscritti a entrambi i corsi? [20]

CAPITOLO 2

NUMERI NATURALI

1 Ordinamento e operazioni

Ordinamento

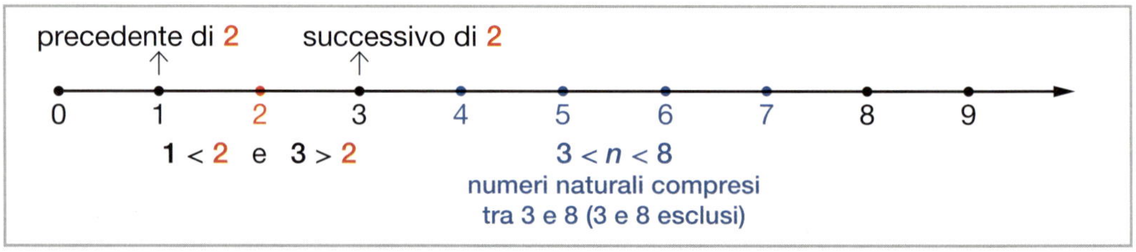

L'insieme ℕ dei numeri naturali è **infinito** e **ordinato** e può essere rappresentato su una semiretta orientata. Per ogni numero naturale diverso da 0 esistono il **precedente** e il **successivo**.

PROVA SUBITO Scrivi il precedente e il successivo di: 53; 25; 7; 183.
Scrivi con i simboli: «3 è minore di 6», «5 è maggiore di 2», «i numeri naturali compresi fra 7 e 10, con 7 e 10 esclusi».

Operazioni e operandi

Con i numeri naturali eseguiamo le **operazioni** di addizione, sottrazione, moltiplicazione e divisione. I due numeri con i quali operiamo si chiamano **operandi**.

PROVA SUBITO Completa le seguenti operazioni e poi scrivi il nome di ognuno degli operandi e dei risultati.

$15 + \square = 18$; $\square - 9 = 19$; $12 \cdot \square = 48$; $\square : 11 = 1$.

Potenze

4 volte $3^4 = 3 \cdot 3 \cdot 3 \cdot 3 = 81$	$5^1 = 5$; $1^5 = 1$;	$0^3 = 0$; $26^0 = 1$.

- $a^n = a \cdot a \cdot \ldots \cdot a$, se a e n sono numeri naturali, con $n \neq 0$ e $n \neq 1$;
  (n è l'esponente; a è la base; n volte)
- $a^1 = a$;
- $a^0 = 1$, se $a \neq 0$;
- 0^0 non si definisce.

PROVA SUBITO Calcola le seguenti potenze.

$5^3 = \square$; $8^2 = \square$; $15^0 = \square$; $7^1 = \square$; $2^5 = \square$.

Esercizi

Ordinamento

1 **Vero o falso?**

a. Il precedente di 4 è 3. V F

b. 0 ha come successivo 2. V F

c. I numeri naturali sono finiti. V F

d. $5 \leq 8$ e $8 \geq 6$. V F

2 **Traduci** in simboli le seguenti frasi.

a. 9 è minore di 12. $9 < 12$

b. 15 è maggiore di 10.

c. n è minore o uguale a 100.

d. n è minore di 7 e maggiore di 3.

3 Quali sono i numeri naturali n che verificano le seguenti condizioni?

a. $n < 3$ 0, 1, 2 b. $1 \leq n \leq 5$ c. $16 < n \leq 21$ d. $3^0 \leq n < 3^2$

Operazioni e operandi

4 **Completa** le seguenti uguaglianze e scrivi il nome degli operandi mancanti.

a. $\boxed{6} + 13 = 19$; $5 + \square = 26$; $8 - \square = 5$; $30 : \square = 5$; $2^{\square} = 8$.

b. $\square \cdot 4 = 20$; $7 \cdot \square = 42$; $\square - 9 = 23$; $\square : 8 = 3$; $\square^2 = 81$.

5 **Imposta** e **risolvi** l'operazione corrispondente.

a. Sottrazione con minuendo 48 e sottraendo 29. $48 - 29 = 19$

b. Sottrazione con sottraendo 51 e differenza 17.

c. Sottrazione con minuendo 95 e differenza 31.

d. Divisione con dividendo 143 e divisore 11.

e. Divisione con divisore 8 e quoziente 15.

f. Divisione con dividendo 117 e quoziente 9.

Potenze

Calcola le seguenti potenze.

6 $2^4 = 2 \cdot 2 \cdot 2 \cdot 2 = 16$; 3^2; 5^2; 2^3; 4^2; 3^3; 8^2; 11^2; 7^0; 1^7.

7 2^5; 9^2; 1^0; 7^2; 3^4; 6^2; 3^1.

8 10^2; 10^3; 100^2; 10^5; 10^1; 1000^1; 100^3.

9 **Vero o falso?**

a. 16 è potenza di 4. V F

b. 16 è potenza di 2. V F

c. 35 *non* è potenza di 5. V F

d. 12 è potenza di 1. V F

10 **Vero o falso?**

a. $1^5 = 1^7$ V F

b. $3^2 = 2^3$ V F

c. $26^0 \geq 26$ V F

d. $5^0 = 11^0$ V F

Espressioni

Moltiplicazione e divisione hanno la precedenza su addizione e sottrazione.

$40 - 24 : 8 = 40 - 3 = 37$

$5 + 3 \cdot 2 = 5 + 6 = 11$

Le operazioni nelle parentesi hanno la precedenza.

$(40 - 24) : 8 = 16 : 8 = 2$

$(5 + 3) \cdot 2 = 8 \cdot 2 = 16$

Semplifica le seguenti espressioni. Osserva se e come cambiano i risultati in base alla posizione delle parentesi.

11 $25 + 4 - 6 + 12$; $(25 + 4) - 6 + 12$; $25 + 4 - (6 + 12)$. [35; 35; 11]

12 $40 : 5 \cdot 2$; $(40 : 5) \cdot 2$; $40 : (5 \cdot 2)$. [16; 16; 4]

13 $30 - 3 \cdot 4 + 5$; $30 - 3 \cdot (4 + 5)$; $30 - (3 \cdot 4 + 5)$. [23; 3; 13]

14 $2 + 6^2 : 4 + 5$; $(2 + 6)^2 : 4 + 5$; $2 + 6^2 : (4 + 5)$. [16; 21; 6]

15 **ESERCIZIO GUIDA**

Semplifichiamo: $20 - \{[(40 - 24) : 8]^4 + 2^2\} : [2^0 \cdot (21 - 11)]$.

Come si risolve

$20 - \{[(40 - 24) : 8]^4 + 2^2\} : [2^0 \cdot (21 - 11)] =$ eseguiamo le operazioni nelle parentesi tonde e le potenze

$20 - \{[16 : 8]^4 + 4\} : [1 \cdot 10] =$ svolgiamo le operazioni nelle parentesi quadre

$20 - \{2^4 + 4\} : 10 =$ calcoliamo la potenza

$20 - \{16 + 4\} : 10 =$ svolgiamo la somma nella parentesi graffa

$20 - 20 : 10 =$ eseguiamo la divisione

$20 - 2 = 18$

Semplifica le seguenti espressioni.

16 $[53-(8+15)]:6\cdot(9-7)$ [10]

17 $2\cdot(12+9-5)-(34:17)^5$ [0]

18 $(17-7\cdot 2)^2+10^2:5^2$ [13]

19 $(2\cdot 7-63:7+7^2):(6\cdot 3^2)$ [1]

20 $(5^2+11\cdot 5-2^3\cdot 10):13$ [0]

21 $27:9\cdot 4+(70-2\cdot 3):2^3$ [20]

22 $\{(30:5\cdot 2)\cdot[30:(5\cdot 2)]\}-[(3\cdot 2)^2-3\cdot 2^2]$ [12]

23 $\{[(18:3^2+3)\cdot 9^0+10]:3\}\cdot(4^2-11)$ [25]

Problemi

24 **ESERCIZIO GUIDA**

Scriviamo in simboli la frase seguente e **calcoliamo** il suo valore per $a=2$ e $b=1$.
«Moltiplica il successivo di *a* per la somma fra 3 e il doppio di *b*. Sottrai al risultato il quoziente tra il cubo di *a* e 2.»

Come si risolve

«Moltiplica il successivo di *a* per... $\longrightarrow (a+1)\cdot\ldots$

... la somma fra 3 e il doppio di *b*... $\longrightarrow (a+1)\cdot(3+2b)$

... Sottrai al risultato il quoziente... $\longrightarrow (a+1)\cdot(3+2b)-\ldots:\ldots$

... tra il cubo di *a* e 2.» $\longrightarrow (a+1)\cdot(3+2b)-a^3:2$

Calcoliamo il valore dell'espressione letterale $(a+1)\cdot(3+2b)-a^3:2$ se $a=2$ e $b=1$:
$(a+1)\cdot(3+2b)-a^3:2 \rightarrow (2+1)\cdot(3+2\cdot 1)-2^3:2=3\cdot 5-8:2=15-4=11.$

sostituiamo *a* e *b* — semplifichiamo l'espressione

Traduci le frasi seguenti in espressioni e calcolane il valore.

25 Aggiungi il prodotto tra 11 e 2 al quoziente tra 24 e 3. [30]

26 Somma al quadrato di 8 la metà di 12. [70]

27 Sottrai al doppio di 3 la terza parte di 15. [1]

28 Eleva alla quarta la differenza tra 23 e il doppio di 10. [81]

Scrivi in simboli le frasi seguenti. Calcola poi il loro valore sostituendo i numeri indicati alle lettere.

29 Moltiplica il precedente di *a* per la somma tra *a* e *b*; $a=6$ e $b=3$. [45]

30 Aggiungi il doppio di *a* alla differenza tra 29 e il triplo di *b*; $a=0$ e $b=6$. [11]

31 Sottrai al cubo del successivo di *a* la quinta parte di 75; $a=2$. [12]

Per ciascuno dei seguenti problemi individua l'operazione o l'espressione che permette di risolverlo e calcola il risultato.

32 **Giga di foto** Una chiavetta USB da 32 GB contiene solo una cartella di foto. Quanti GB occupa la cartella se lo spazio disponibile sulla chiavetta è di 15 GB? [17 GB]

33 **Ticket del parcheggio** Mario va al mare 5 giorni con la sua famiglia. La tariffa giornaliera per la sosta dell'auto sul lungomare è € 17. Quanto spenderanno in totale per il parcheggio durante le vacanze? [€ 85]

34 **Compiti** Ci sono 3 giorni di vacanza e Luca vuole dividere equamente i compiti per casa, cioè 18 esercizi di matematica, 9 esercizi di inglese e 12 pagine di storia da studiare. Quanti esercizi deve fare ogni giorno? Quante pagine deve studiare? [9; 4]

35 **Film al cinema** In una piccola sala cinematografica, dieci minuti prima dell'inizio della proiezione, sono occupati 36 posti. All'ultimo momento arrivano 3 coppie; rimangono così 12 posti vuoti. Qual è la capienza della sala? [54]

Proprietà delle quattro operazioni

Proprietà

commutativa:	$7+\mathbf{5}=\mathbf{5}+7$;	$19\cdot\mathbf{2}=\mathbf{2}\cdot 19$;
associativa:	$(6+7)+3=6+(7+3)$;	$(9\cdot 5)\cdot 2=9\cdot(5\cdot 2)$;
invariantiva:	$25-4=(25+\mathbf{5})-(4+\mathbf{5})$;	$150:20=(150\cdot\mathbf{5}):(20\cdot\mathbf{5})$;
distributiva:	$\mathbf{6}\cdot(3+5)=\mathbf{6}\cdot 3+\mathbf{6}\cdot 5$;	$(13-2)\cdot\mathbf{3}=13\cdot\mathbf{3}-2\cdot\mathbf{3}$;
	$(6+4):\mathbf{2}=6:\mathbf{2}+4:\mathbf{2}$.	

Scrivi le proprietà delle operazioni applicate nelle seguenti uguaglianze.

36 $4\cdot 3+9=9+3\cdot 4$

37 $(5+6)+9=5+15$

38 $3\cdot(18-5)=3\cdot 18-15$

39 $38-16=(38-9)-(16-9)$.

---

40 **Completa** le seguenti uguaglianze e scrivi la proprietà applicata.

a. $(18+19)+\boxed{2}=\boxed{18}+(19+2)$ Associativa

b. $(\boxed{}\cdot 7)\cdot 3=5\cdot(7\cdot\boxed{})$

c. $\boxed{}-13=(28-8)-(13-8)$

d. $(\boxed{}-4):2=26:2-4:\boxed{}$

e. $7\cdot(5+8)=\boxed{}\cdot 5+7\cdot\boxed{}$

f. $(9+3)\cdot 6=\boxed{}\cdot(9+\boxed{})$

41 **Completa** usando le proprietà utili per il calcolo del risultato. Scrivi quale proprietà hai usato.

a. $15\cdot 6=(\boxed{10}+\boxed{5})\cdot 6=\boxed{10}\cdot 6+\boxed{5}\cdot 6=\boxed{90}$ Distributiva

b. $17+8+3=17+\boxed{}+\boxed{}=(17+\boxed{})+8=\boxed{}$

c. $23-18=(23+\boxed{})-(18+\boxed{})=\boxed{}-\boxed{}=\boxed{}$

d. $225:5=(225\cdot\boxed{}):(5\cdot\boxed{})=\boxed{}:\boxed{}=\boxed{}$

e. $4\cdot 63=4\cdot(\boxed{}+\boxed{})=4\cdot\boxed{}+4\cdot\boxed{}=\boxed{}+\boxed{}=\boxed{}$

Svolgi i seguenti calcoli a mente, usando le proprietà delle operazioni.

42 $12+7+8+3$; $56+9+4$; $2\cdot(5\cdot 7)$.

43 $(33+42)+8$; $24+(16+9)$; $4\cdot 6\cdot 5$.

44 $83-55$; $132-104$; $135:5$; $8620:20$.

45 $90-64$; $156-23$; $2\cdot 7\cdot 5$.

2 Proprietà delle potenze

1. $4^{3} \cdot 4^{5} = 4^{3+5} = 4^{8}$	**Prodotto di potenze con stessa base**
2. $15^{7} : 15^{4} = 15^{7-4} = 15^{3}$	**Quoziente di potenze con stessa base**
3. $(8^{3})^{2} = 8^{3 \cdot 2} = 8^{6}$	**Potenza di potenza**
4. $3^{2} \cdot 4^{2} = (3 \cdot 4)^{2} = 12^{2}$	**Prodotto di potenze con stesso esponente**
5. $18^{3} : 9^{3} = (18 : 9)^{3} = 2^{3}$	**Quoziente di potenze con stesso esponente**

1. Il *prodotto* di potenze con la stessa base è una potenza che ha la stessa base e come esponente la *somma degli esponenti*.
2. Il *quoziente* di potenze con la stessa base è una potenza che ha la stessa base e come esponente la *differenza degli esponenti*.
3. La *potenza di una potenza* è una potenza che ha la stessa base e come esponente il *prodotto degli esponenti*.
4. Il *prodotto* di potenze con lo stesso esponente è una potenza che ha lo stesso esponente e come base il *prodotto delle basi*.
5. Il *quoziente* di potenze con lo stesso esponente è una potenza che ha lo stesso esponente e come base il *quoziente delle basi*.

PROVA SUBITO Completa applicando le proprietà delle potenze.

$5^{3} \cdot 5^{2} = 5^{\square}$ $\quad (2^{7})^{2} = 2^{\square}$ $\quad 2^{3} \cdot 5^{3} = \square$

$3^{14} : 3^{\square} = 3^{8}$ $\quad (7^{\square})^{3} = 7^{12}$ $\quad \square : 3^{2} = 6^{2}$

Esercizi

46 **Completa** applicando le proprietà delle potenze.

a. $9^{6} \cdot 9^{\square} = 9^{14}$; $\quad 6^{4} \cdot 6^{11} = 6^{\square}$; $\quad 5^{8} \cdot 5 = 5^{\square}$.

b. $13^{\square} : 13^{3} = 13^{7}$; $\quad 8^{7} : 8^{4} = 8^{\square}$; $\quad 4^{12} : 4^{\square} = 1$.

c. $[(5^{3})^{4}]^{2} = 5^{\square}$; $\quad [(2^{\square})^{5}]^{3} = 2^{30}$; $\quad 4^{9} \cdot 3^{9} = \square^{9}$.

d. $18^{4} : 9^{4} = \square^{4}$; $\quad 24^{5} : \square^{5} = 8^{5}$; $\quad \square^{3} \cdot 7^{3} = 28^{3}$.

Applica le proprietà delle potenze e scrivi il risultato sotto forma di potenza.

47 $9^{7} \cdot 9$; $\quad 12^{5} : 3^{5}$.

48 $(5^{3})^{4}$; $\quad 4^{6} : 4^{4}$.

49 $8^{7} \cdot 6^{7}$; $\quad 6^{4} \cdot 6^{6} \cdot 6$.

50 $(2^{3} \cdot 2^{8}) : 2^{2}$; $\quad (3^{4})^{2} \cdot 3$.

51 $(4^{6} \cdot 4^{3} \cdot 4^{7}) : (4^{9} \cdot 4^{2})$ $\quad [4^{5}]$

52 $(3^{8} \cdot 3^{5} \cdot 3^{4}) : (3^{6} : 3)$ $\quad [3^{12}]$

53 $25^{6} : 5^{6} \cdot 2^{6}$ $\quad [10^{6}]$

54 $(3^{4} \cdot 20^{4} \cdot 6^{4}) : (10^{4} \cdot 2^{4})$ $\quad [18^{4}]$

55 $[(2^{3})^{0}]^{4} \cdot \{[(3^{5})^{1}]\}^{2}$ $\quad [3^{10}]$

56 $(30^{6} : 5^{6}) \cdot (2^{4} \cdot 3^{4})$ $\quad [6^{10}]$

57 ●○ **Completa** inserendo il numero corretto: dopo aver scritto tutti i termini come potenze, applica le proprietà in modo opportuno.

a. $8^7 : 2^4 = (2^{\boxed{3}})^7 : 2^4 = 2^{\boxed{21}} : 2^4 = 2^{\square}$

b. $27 \cdot 5^3 = \square^3 \cdot 5^3 = \square^3$

c. $81 \cdot 16 = \square^4 \cdot 2^{\square} = \square^{\square}$

d. $60^8 : 36^4 = 60^8 : (\square^2)^4 = 60^8 : \square^{\square} = \square^8$

Test.

58 ●● Qual è il doppio di 4^3?

A 8^6 B 4^6 C 2^7 D 8^3

59 ●● Qual è il quadruplo di 8^5?

A 8^{20} B 2^{17} C 32^{20} D 32^5

60 **ESERCIZIO GUIDA**

Semplifichiamo la seguente espressione:

$(2^3)^4 : (10^7 : 5^7) - [(2^0)^3 + (2^2)^1 + 18^3 : 9^3 \cdot 2]$.

Come si risolve

$(2^3)^4 : (10^7 : 5^7) - [(2^0)^3 + (2^2)^1 + 18^3 : 9^3 \cdot 2] =$

$2^{3 \cdot 4} : (10 : 5)^7 - [2^{0 \cdot 3} + 2^{2 \cdot 1} + (18 : 9)^3 \cdot 2] =$ applichiamo la terza e la quinta proprietà delle potenze

$2^{12} : 2^7 - [2^0 + 2^2 + 2^3 \cdot 2] =$

$2^{12-7} - [2^0 + 2^2 + 2^4] =$ applichiamo la seconda e la prima proprietà delle potenze; $2 = 2^1$

$2^5 - [1 + 4 + 16] =$ calcoliamo le potenze

$32 - 21 =$

11

Per semplificare $2^0 + 2^2 + 2^4$ non possiamo applicare alcuna delle proprietà delle potenze, infatti non esiste una proprietà per la somma di potenze con uguale base.

$2^0 \cdot 2^2 \cdot 2^4 = 2^{0+2+4} = 2^6 = 64$, mentre $2^0 + 2^2 + 2^4 = 1 + 4 + 16 = 21$.

Semplifica le seguenti espressioni applicando, quando possibile, le proprietà delle potenze.

61 ●○ $2^6 : 2^2 + 2^0 + 2^3 \cdot 2^2$ [49]

62 ●○ $12^4 : 4^4 - 3^2 \cdot 3 - 3^2$ [45]

63 ●○ $12^2 : 3^2 \cdot 2^2 + 21^2 : 7^2 \cdot 3$ [91]

64 ●● $(2^4 \cdot 2^3)^3 : (2^2 \cdot 2^3)^4 + (2^3)^2$ [66]

65 ●● $(3^3 \cdot 3^4)^2 : 3^{11} - 3^5 : 3^4$ [24]

66 ●● $(38 - 18^3 \cdot 18^2 : 9^5)^{17} : (2^3 \cdot 3^3)^5$ [36]

67 ●● $(66^{36} : 3^{36}) : \{[(11^2)^5]^3 \cdot 11^6\} : 2^{34}$ [4]

68 ●● $3^{18} : [(3^2)^3]^3 + 5^3 \cdot 5^6 : 5^8 - (48^3 : 8^3) : 6^2$ [0]

3 Multipli, divisori, MCD, mcm

Multipli e divisori

Multipli di 30	Divisori di 30
0, 30, 60, 90, 120, 150, 180, ...	1, 2, 3, 5, 6, 10, 15, 30.
0: multiplo di qualsiasi numero naturale	infatti $30 = 6 \cdot 5$
120: infatti $120 = 30 \cdot 4$	1: divisore di qualsiasi numero naturale
...: sono infiniti	30.: sono in numero finito

Considera due numeri naturali a e b. Se esiste un numero naturale q per cui $a = b \cdot q$ diciamo che: a è **multiplo** di b; b è **divisore** di a; a è **divisibile** per b.
I multipli di un numero sono infiniti e si ottengono moltiplicando il numero stesso per ognuno dei numeri naturali. Invece, i divisori di un numero sono finiti.

PROVA SUBITO Scrivi i primi 5 multipli e tutti i divisori di: 10; 15; 24; 40.

Numeri primi e scomposizione in fattori primi

Numeri primi	Scomposizione in fattori primi
2, 3, 5, 7, 11, 13, 17, 19, ...	$140 = 2^2 \cdot 5 \cdot 7$
divisori: 1 e se stesso	140: non primo; 2, 5, 7: primi

Un numero naturale diverso da 0 e 1 è un **numero primo** se ha come divisori solo se stesso e 1. Se un numero non è primo, può essere scritto come prodotto di potenze di numeri primi (**scomposizione in fattori primi**).

PROVA SUBITO Scrivi il prodotto di tre fattori primi e calcolalo.

MCD e mcm

MCD	mcm
divisori di 14: 1, 2, **7**, 14	multipli di 6: 6, 12, **18**, 24, 30, 36, ...
divisori di 21: 1, 3, **7**, 21	multipli di 9: 9, 18, 27, 36, ...
divisori comuni: 1, 7; MCD(14; 21) = 7	multipli comuni: 18, 36; mcm(6; 9) = 18

Fra due o più numeri naturali diversi da zero:
- il **massimo comune divisore** (**MCD**) è il più grande fra i loro divisori comuni;
- il **minimo comune multiplo** (**mcm**) è il più piccolo fra i loro multipli comuni diversi da zero.

PROVA SUBITO Quali sono il MCD e il mcm di 6 e 8? E di 10 e 3?

Esercizi

Multipli e divisori

69 Vero o falso?

a. Ogni numero divisibile per 2 è divisibile anche per 4. V F
b. Ogni numero divisibile per 10 è divisibile anche per 5. V F
c. Tutti i multipli di 13 sono dispari. V F
d. 12 è sia multiplo sia divisore di se stesso. V F
e. Tutti i divisori di 126 sono minori o uguali a 126. V F

70 **Scrivi** i primi cinque multipli di 6, 12 e 11.

Un numero è divisibile per...	quando...	Esempio
2	la cifra delle unità è pari	316 – pari
3	la somma delle cifre è divisibile per 3	294 2 + 9 + 4 = 15 – divisibile per 3
4 25	lo è il numero formato dalle ultime due cifre, oppure queste cifre sono 00	2312 → divisibile per 4 1600 → divisibile per 4 e 25 750 → divisibile per 25
5	la cifra delle unità è 0 o 5	290, 85
9	la somma delle cifre è divisibile per 9	837 8 + 3 + 7 = 18 – divisibile per 9

Stabilisci se i seguenti numeri sono divisibili per il numero indicato a fianco.

71 231, 318, 123, 490; per 2.

72 156, 303, 502, 111; per 3.

73 428, 107, 500, 822; per 4.

74 532, 215, 470, 154; per 5.

75 171, 333, 963, 919; per 9.

76 625, 450, 997, 200; per 25.

77 **Scrivi** i divisori di ognuno dei seguenti numeri: 16, 25, 28 e 48.

78 **Visite guidate** In un museo arriva una comitiva di 135 persone. Ci sono 9 guide; si riescono a formare 9 gruppi uguali? Se sì, quante persone ci sono per ogni gruppo?

79 **Torneo estivo** Gli animatori di un centro estivo vogliono organizzare un torneo di calcio che coinvolga tutti i 123 ragazzi. Possono partecipare anche i genitori. Qual è il minimo numero di genitori necessario per formare le squadre se ogni squadra è di 11 giocatori? Quante squadre riescono a formare?

Numeri primi e scomposizione in fattori primi

80 **ESERCIZIO GUIDA**

Scomponiamo in fattori primi 630, 84 e 35.

Come si risolve

dividiamo per ...

$$\begin{array}{r|l} 630 & 2 \\ 315 & 3 \\ 105 & 3 \\ 35 & 5 \\ 7 & 7 \\ 1 & \end{array}$$

$630 = 2 \cdot 3^2 \cdot 5 \cdot 7$

dividiamo per ...

$$\begin{array}{r|l} 84 & 2 \\ 42 & 2 \\ 21 & 3 \\ 7 & 7 \\ 1 & \end{array}$$

$84 = 2^2 \cdot 3 \cdot 7$

dividiamo per ...

$$\begin{array}{r|l} 35 & 5 \\ 7 & 7 \\ 1 & \end{array}$$

$35 = 5 \cdot 7$

81 **Individua** quali fra i seguenti numeri sono primi e **scomponi** gli altri in fattori primi.

a. 23; 56; 24; 17; 29; 88.
b. 18; 13; 42; 45; 28; 37.

Scomponi in fattori primi i seguenti numeri.

82 a. 12; 27; 32; 50; b. 120; 215; 360; 175; c. 2100; 390; 132; 760.

83 a. 693; 1008; 396; 315; b. 1200; 585; 340; 240; c. 210; 504; 528; 168.

84 **Calcola**, quando è possibile, i seguenti quozienti, usando la scomposizione in fattori primi. Quale proprietà delle operazioni hai applicato?

$165 : 15 = (3 \cdot 5 \cdot 11) : (3 \cdot 5) = 11$; $208 : 52$; $570 : 72$; $240 : 48$.

Usando la scomposizione in fattori, dividi, quando è possibile, il primo numero per quelli indicati a fianco.

85 5400; 18, 40, 45, 144.

86 3360; 12, 21, 15, 48.

MCD e mcm

87 **ESERCIZIO GUIDA**

Calcoliamo MCD e mcm di 140 e 168.

Come si risolve

Scomponiamo in fattori 140 e 168. Otteniamo:

$140 = 2^2 \cdot 5 \cdot 7$

$168 = 2^3 \cdot 3 \cdot 7$

$\text{MCD} = 2^2 \cdot 7 = 28$ → fattori comuni con l'esponente minore → Il MCD è 28.

$\text{mcm} = 2^3 \cdot 3 \cdot 5 \cdot 7 = 840$ → fattori comuni e non con l'esponente maggiore → Il mcm è 840.

Quali sono MCD e mcm dei seguenti gruppi di numeri?

88 36, 10; 27, 18, 12; 33, 66; 50, 25, 15.

89 60, 90; 45, 20, 18; 108, 360; 216, 72.

90 50, 20, 30; 150, 120, 200; 78, 65; 220, 55, 20.

91 23, 46; 10, 20, 40.

92 56, 28; 3, 7, 42.

93 1, 16; 35, 1, 25.

94 7, 49; 15; 125, 625.

95 15, 4; 3, 5, 2.

96 7, 11; 9, 10, 2.

97 6, 5; 18, 12, 4.

> **Per esempio:**
> 20 è multiplo di 5, quindi
> MCD (20; 5) = 5 e mcm (20; 5) = 20.

> **Per esempio:**
> $6 = 2 \cdot 3$ e 5 non hanno fattori comuni, quindi
> MCD (6; 5) = 1 e mcm $(6; 5) = 6 \cdot 5$.

Completa.

98 **a.** MCD(60; ____) = 15;
mcm(60; ____) = 2100.

b. MCD(198; 84) = ____;
mcm(198; 84) = ____.

99 **a.** MCD(____; 140) = 2;
mcm(____; 140) = 1260.

b. MCD(126; ____) = 6;
mcm(126; ____) = 630.

---

100 **Costruzioni colorate** Pietro riceve in regalo una scatola di costruzioni contenente 255 pezzi di uguale forma e diversi colori: 15 rossi, 60 blu, 30 verdi, 150 gialli. Quante costruzioni uguali può comporre? [15]

101 **Do, re, mi...** Carlo, un violinista molto preciso, cambia al suo violino le corde Sol, Re e La ogni 42 giorni, mentre sostituisce la corda Mi, più delicata, ogni 28 giorni. Se oggi Carlo cambia le quattro corde, fra quanti giorni le ricambierà tutte e quattro assieme? [84]

102 **Cicli di lavoro** Due macchinari completano un ciclo produttivo, uno in 84 minuti, l'altro in 112. Se le macchine iniziano contemporaneamente e non si interrompono mai, dopo quanti minuti si ritroveranno ad iniziare insieme un nuovo ciclo? [336]

103 **Dalla nonna** Nonna Asia ha tre nipoti. Luca va a trovarla ogni 8 giorni, Martina ogni 5 giorni e Marco, che abita lontano, ogni 20 giorni. Se oggi si trovano insieme dalla nonna, fra quanti giorni si rivedranno tutti insieme di nuovo? [40]

ESERCIZI DI RIEPILOGO NUMERI NATURALI

Traduci le seguenti frasi in espressioni e calcola il loro valore.

1 Somma 5 con la differenza tra 25 e 9. [21]

2 Somma il prodotto tra 6 e 8 con il rapporto tra 90 e 15. [54]

3 Moltiplica per 3 la somma tra 7 e 4 e togli al risultato il prodotto tra 12 e 2. [9]

4 Calcola il triplo del prodotto tra il doppio di 8 e la somma di 5 e 2 e dividi il risultato per 21. [16]

5 **Completa** inserendo i simboli +, −, ·, : e scrivi la proprietà applicata.

a. $(4 \boxed{\cdot} 5) \cdot 3 = 4 \boxed{\cdot} (5 \cdot 3)$

b. $(11+8) \square 2 = 11 \cdot (8+2)$

c. $10 \square (5+2) = 10 \square 5 + 10 \square 2$

d. $(9+15) \square 7 = 9 \square 7 + 15 \square 7$

e. $30 \square (10+5) = 30 \square 10 + 30 \square 5$

f. $4 \square (15-6) = (15 \square 6) \square 4$

Semplifica le seguenti espressioni applicando, quando possibile, le proprietà delle potenze.

6 $54 - \{(7 \cdot 2 - 4) : 5 + [11 - 5 + 7(8-5)] \cdot 2 - 6\}$. [4]

7 $2^2 \cdot 3 + 7[(19-7) : 3 + 1] - 21 \cdot (84 : 3 - 2 - 3 \cdot 8)$. [5]

8 $[(8-2) : 6 + 4] \cdot [16 - (2^3 - 2^2)] - [18 : (8+1) + 2 \cdot 7]$. [44]

9 $\{[(72 : 2^3)^2 : 3^2] \cdot [(72 : 3^2)^2 : 2^4]\} : (2^2 \cdot 3^2) + 128 : (2^0 + 5^2 + 6)$. [5]

10 $[(3^2)^3]^2 : (9^3 \cdot 9^2) - 2 \cdot 3 + \{[(3^3 - 3^2) : 3 + 7 \cdot 2] : 5\}^2$. [19]

11 $(16^6 : 4^6)^2 : [(10^5 : 5^5)^2]^2 + (2^2)^3 - (4^3 - 4^2) : 2^4$. [77]

Scomponi in fattori primi i seguenti numeri.

12 56, 65, 98, 126.

13 51, 78, 95, 96.

Quali sono MCD e mcm dei seguenti gruppi di numeri?

14 15, 48, 60; 20, 24, 35; 8, 32, 40.

15 4, 28, 56; 21, 24; 20, 22, 55.

16 Moltiplica il triplo di a per b e dividi il risultato per 2. Se sostituisci nell'espressione i valori indicati in figura, quale grandezza del trapezio determini? [area = 18]

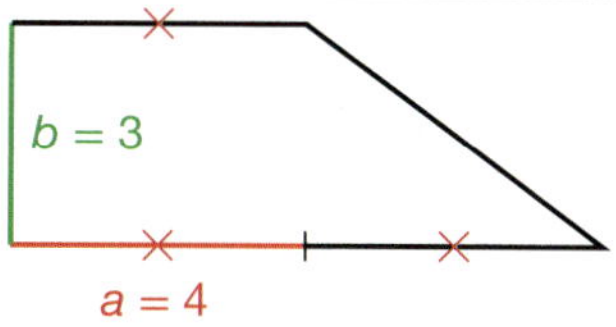

17 **Numeri e fili** Hai tre matasse di filo di lana. Il filo blu è lungo 12 m, il rosso 27 m e il giallo 18 m. Vuoi tagliare i fili in parti uguali, le più lunghe possibili. Per ognuno dei colori quanti fili ottieni? [blu: 4; rosso: 9; giallo: 6]

CAPITOLO 3

NUMERI INTERI

1 Ordinamento e definizioni

Ordinamento

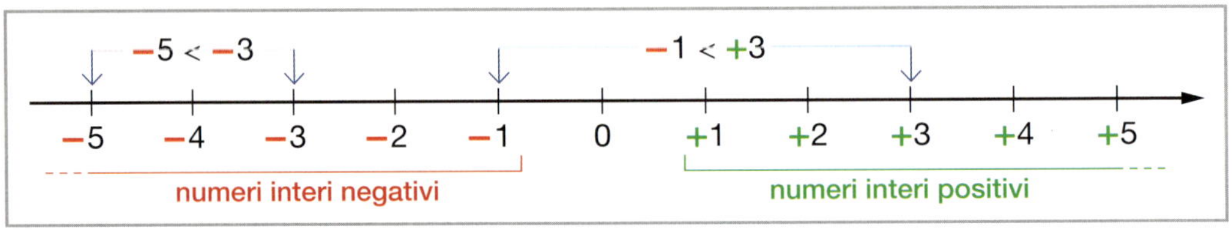

L'insieme $\mathbb{Z}$ dei numeri interi è **infinito** e **ordinato** e può essere rappresentato su una retta orientata. Possiamo sempre confrontare fra loro due numeri interi.

PROVA SUBITO Ordina e rappresenta sulla retta orientata:
+1; −7; −5; +8; −1; +4.

Numeri interi concordi e discordi

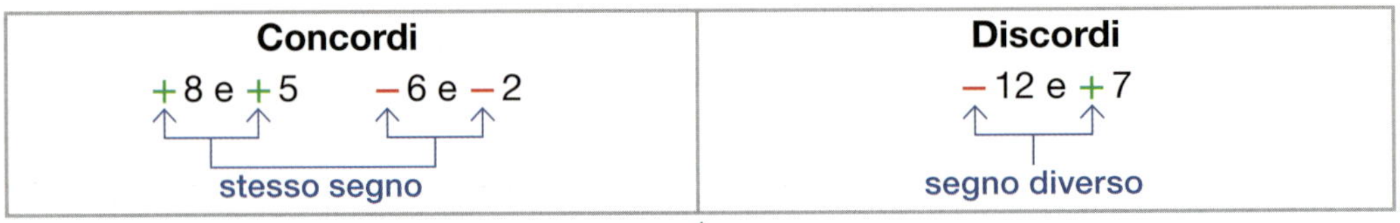

Due interi diversi da zero sono **concordi** se hanno lo stesso segno, **discordi** se hanno segno diverso.

PROVA SUBITO Per ognuna delle seguenti coppie, stabilisci se è formata da interi concordi o discordi: +1 e +6; −5 e +17; +10 e −5; −3 e −7.

Numeri interi opposti

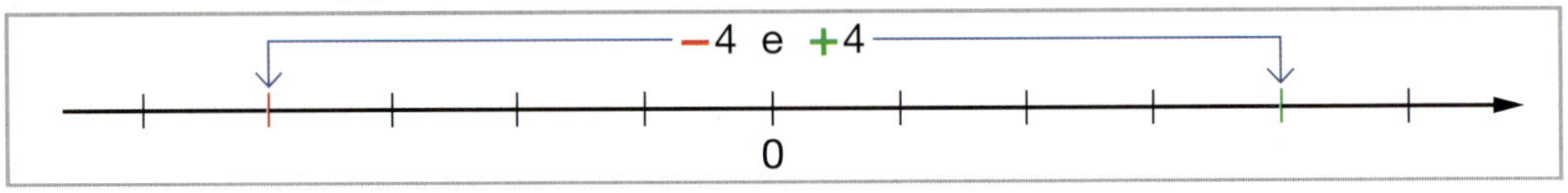

Sono **opposti** i numeri interi ottenuti dallo stesso numero naturale, diverso da zero, facendolo precedere da + o da −.

PROVA SUBITO Associa ogni numero intero al suo opposto.

a. −8 **b.** −6 **c.** −1 **d.** +5 **e.** +17

1. −5 **2.** +6 **3.** −17 **4.** +1 **5.** +8

Valore assoluto

$|+13| = 13$ (positivo) $\quad |0| = 0 \quad$ $|-8| = 8$ (negativo)

Il **valore assoluto** di un numero intero è:
- il numero stesso, se è **positivo** o è zero;
- l'opposto del numero, se è **negativo**.

In simboli:

$$|a| = \begin{cases} a & \text{se } a \geq 0 \\ -a & \text{se } a < 0 \end{cases}$$

PROVA SUBITO Calcola i seguenti valori assoluti.

$|-12| = \boxed{}$; $\quad |+3| = \boxed{}$; $\quad |-1| = \boxed{}$; $\quad |+5| = \boxed{}$.

Esercizi

1 ●○
a. Qual è l'opposto di $+5$? E di -8?
b. Quale numero negativo ha valore assoluto 16?
c. Scrivi un numero intero concorde con -4.
d. Scrivi un numero intero discorde con -6.

2 ●○ **Completa** la tabella. Scrivi, per ogni numero n, l'opposto $-n$ e il valore assoluto $|n|$.

n	$+1$	$+2$	-3	-6	0	-11
$-n$	-1		$+3$			
$\|n\|$	1		3			

3 ●○ **Disponi** sulla retta orientata: $+1$; -3; $+3$; $+5$; -4; -6; $+2$.

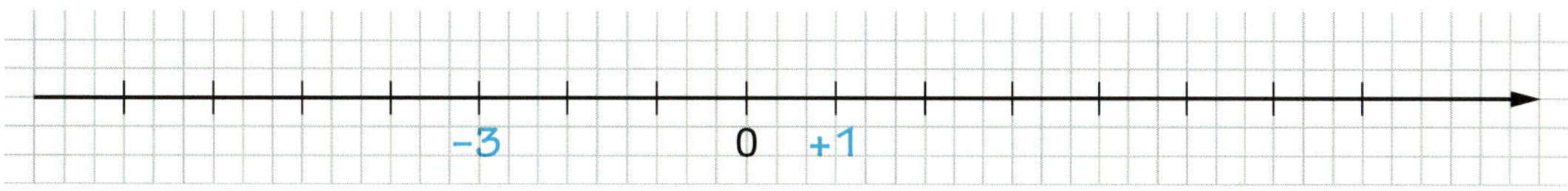

4 ●○ **Completa** inserendo uno dei simboli $<$ o $>$.

a. $0\ \boxed{<}\ +2$ **b.** $0\ \boxed{>}\ -1$ **c.** $+5\ \boxed{}\ +3$
d. $-5\ \boxed{}\ -2$ **e.** $-6\ \boxed{}\ +4$ **f.** $-|-7|\ \boxed{}\ |-7|$
g. $+3\ \boxed{}\ +4$ **h.** $-3\ \boxed{}\ -4$ **i.** $-2\ \boxed{}\ +2$

5 ●○ **Vero o falso?**

a. $+1 > -3$ V F
b. $|-6| > |-3|$ V F
c. $-4 > -3$ V F
d. $|+5| > |-5|$ V F
e. $|-3| > |+2|$ V F
f. $-7 > -8$ V F

6 ●○ **Disponi** in ordine decrescente i seguenti numeri:
-8; $+2$; -17; -9; $+16$; $+15$; -4; $+1$.

7 ●○ **Disponi** in ordine crescente i seguenti numeri:
-60; $+42$; 0; -12; $+11$; -48; $+21$; -49.

2 Addizione e sottrazione

Addizione di due interi concordi

$(+5)+(+6)=+11$ (11 = 5 + 6)

$(-3)+(-4)=-7$ (7 = 3 + 4)

La **somma di due interi concordi** è un intero che ha:
- *stesso segno* degli addendi;
- *valore assoluto* uguale alla somma dei valori assoluti.

PROVA SUBITO Completa.

$(+6)+(+7)=$ ______ $(+5)+(+2)=$ ______

$(-2)+(-10)=$ ______ $(-1)+(-7)=$ ______

Addizione di due interi discordi

perché $9>5$: $(-9)+(+5)=-4$ (4 = 9 − 4)

perché $8>6$: $(-6)+(+8)=+2$ (2 = 8 − 6)

La **somma di due interi discordi** è un intero che ha:
- *segno* dell'addendo con valore assoluto maggiore;
- *valore assoluto* uguale alla differenza tra i valori assoluti.

Caso particolare: la somma di un intero e del suo opposto è zero.

PROVA SUBITO Completa.

$(+8)+(-3)=$ ______ $(+5)+(-8)=$ ______

$(-2)+(+1)=$ ______ $(-12)+(+14)=$ ______

Sottrazione di due interi

$(+5)-(-2)=(+5)+(+2)=+7$ — sommiamo l'opposto di -2

$(+4)-(+1)=(+4)+(-1)=+3$ — sommiamo l'opposto di $+1$

La **differenza** di due interi è la somma del primo numero, il minuendo, con l'opposto del secondo, il sottraendo.

PROVA SUBITO Completa.

$(+5)-(+2)=$ ______ $(+12)-(-7)=$ ______

$(-6)-(-8)=$ ______ $(-3)-(+1)=$ ______

Esercizi

Calcolare somme e differenze

Calcola le seguenti somme e differenze.

8
a. $(+9)+(+3)$ = + (9 + 3) = + 12
b. $(-8)+(-3)$ = − (8 + 3) = − 11
c. $(+7)+(-6)$ = + (7 − 6) = + 1
d. $(+4)+(-11)$
e. $(-5)+(+2)$
f. $(-2)+(+21)$

9
a. $(+12)-(+7)$
b. $(+5)-(+14)$
c. $(-3)-(+6)$
d. $(+9)-(-8)$
e. $(+2)-(-6)$
f. $(-15)-(-4)$

10
a. $(+12)+(-5)$
b. $(+8)-(+3)$
c. $(-20)-(+2)$
d. $(-3)-(-9)$
e. $(+15)+(-18)$
f. $(+10)-(-4)$

11
a. $(+9)-(+9)$
b. $(+15)+(-15)$
c. $(-6)+(-6)$
d. $(-8)-(+8)$
e. $(+5)-(-5)$
f. $(+7)+(-7)$

12
a. $(+5)+(+2)$
b. $(+25)+(-30)$
c. $(-14)+(-5)$
d. $(+6)-(+17)$
e. $(+28)-(-10)$
f. $(-9)-(+15)$

---

13 Quanto vale la somma di due numeri opposti?

14 Quale numero devi sommare a -2 per ottenere $+5$?

15 Quale numero intero devi sommare a $+3$ per ottenere -1?

16 **Completa.** La somma degli opposti di due numeri è uguale all'__________ della somma dei due __________.

Espressioni con somme e differenze

17 **ESERCIZIO GUIDA**

Semplifichiamo le seguenti espressioni:

a. $(-3)+(+4)-(+16)-(-5)+(-7)$; **b.** $-(30-9)-(2-4)-[(12-5-8)-(-2)]$.

Come si risolve

a. $(-3)+(+4)-(+16)-(-5)+(-7)=-3+4-16+5-7=-17$

eliminiamo le parentesi

($-3-16-7=-26$; $+4+5=+9$)

b. $-(30-9)-(2-4)-[(12-5-8)-(-2)]=$ eliminiamo le parentesi tonde e svolgiamo i calcoli

$-21+2-[-1+2]=$ eliminiamo le parentesi quadre

$-21+2-1=-20$

Semplifica le seguenti espressioni.

18 $(+40)+(-6)+(+12)-(-4);$ $(-36+12)-(-8+2-6).$

19 $(-16)-(-8)-(+2)+(+5)-(+11);$ $(-4+2+2)+10-6-(8-7-6).$

20 $27-(12+3-8+5)$

Svolgi prima i calcoli dentro alle parentesi.

21 $-10+(2+7-8)-(-9+7)$

22 $[4+(-3)-(-9)]-[12-22-(-5)]+(23-6-5)$ [+27]

23 $(18-6-8)+(-4+25)-[22+(-1)]-(8+4-8)$ [0]

24 $[27+6-(8+5)-(-4)]-14+[-3-(-2)]$ [+9]

25 $-\{5+[2-(3-7)-(11+5-8)]+[-(-5)-3]\}+4$ [−1]

26 **Completa** la tabella.

a	+3	+5	+2	−7	−1	+6	0
b	+2	−9	−2		+4	−4	−5
$a+b$		−4	0	0			
$a-b$		+14					

27 **Vero o falso?**

a. $(-2)-(-1)=-3$ V F

b. $(-2-4)-3=-9$ V F

c. $-6+(-2)-(+7)=-6-2-7$ V F

d. $|-5-(-9)|=|5+9|$ V F

28 **ESERCIZIO GUIDA**

Se $a=-5$ e $b=+13$, quanto vale $|a-b|$?

Come si risolve

Sostituiamo -5 alla lettera a e $+13$ alla lettera b:

$|(-5)-(+13)|=$ eliminiamo le parentesi

$|-5-13|=$ sommiamo i due interi concordi

$|-18|=$ applichiamo la definizione di valore assoluto

$18.$

29 **Calcola:** **a.** $|(+4)+(+3)|;$ **b.** $|(+12)+(-4)|;$ **c.** $|(-8)-(+7)|.$

30 Se $a=+10$ e $b=+6$, quanto vale $|a+b|$? E $|a-b|$?

31 Se $a=-8$ e $b=-2$, quanto valgono $|a+b|$, $|a-b|$, $|b-a|$, $|-a-b|$?

Problemi

32 **ESERCIZIO GUIDA**

Altitudine Un gruppo di ragazzi sceglie come punto di ritrovo un rifugio a 1780 m e da qui parte per un'escursione. Il sentiero sale inizialmente di 520 m, poi scende di 850 m. Dopo essere risaliti di 230 m, i ragazzi si fermano per riposarsi. A quanti metri di altitudine si trovano rispetto al rifugio? A quale quota sono?

Come si risolve

«... **sale** di 520 m...	$+520$
... **scende** di 850 m...	-850
... **risaliti** di 230 m...»	$+230$

Impostiamo e risolviamo l'espressione per sommare le variazioni.

$(+520)+(-850)+(+230)=-100$

I ragazzi si trovano 100 m **sotto** (–) il rifugio.

Il punto di partenza è 1780 m, quindi: $1780+(-100)=1680$.
I ragazzi sono a 1680 m di quota.

Nei seguenti esercizi abbiamo evidenziato le parole che, abbinate correttamente ai simboli + e –, ti aiutano a risolvere il problema.

33 **Linea del tempo** Pitagora visse tra il 570 a.C. e il 495 a.C. e Fibonacci nacque intorno al 1175 d.C. Quanti anni separano la morte di Pitagora dalla nascita di Fibonacci?

34 **Smartphone** Quando Anna si sveglia la batteria del suo smartphone è al 15%. Mette quindi in carica il telefono e dopo due ore l'autonomia è aumentata del 45%. Interrompe la ricarica per fare delle telefonate e giocare un po'; consuma così il 28% di autonomia. Qual è l'attuale autonomia del cellulare?

A 88% B 42% C 73% D 32%

35 **Piani** La signora Daniela entra nel parcheggio coperto di un centro commerciale. Dopo essere salita di 4 piani, scende di 5 piani e finalmente trova parcheggio. Prende quindi l'ascensore e sale di 3 piani. A quale piano del centro commerciale si trova ora la signora? Risolvi il problema con un'espressione.

36 **Temperatura** La scorsa domenica Luca è andato a sciare. Alla partenza c'erano 7 °C, ma sui campi da sci ha trovato una temperatura inferiore di ben 10 °C. Per pranzo il termometro era salito di 8 °C e al momento di ripartire la temperatura era diminuita di 9 °C. Quale temperatura c'era quando Luca è ripartito? Risolvi il problema con un'espressione.

Traduci le seguenti frasi in espressioni simboliche e poi calcola il valore.

37 Sottrai $+41$ a -3.

38 Aggiungi a -11 l'opposto di -3.

39 Aggiungi -7 alla differenza fra $+9$ e -2.

3 Moltiplicazione, divisione, potenza

Moltiplicazione di due interi

Interi concordi	Interi discordi
$(+3)\cdot(+7)=+21$ ($3\cdot 7$)	$(+2)\cdot(-3)=-6$ ($2\cdot 3$)
$(-6)\cdot(-5)=+30$ ($6\cdot 5$)	$(-5)\cdot(+2)=-10$ ($5\cdot 2$)

Il **prodotto di due interi** è un intero che ha:

- *segno* **positivo** se sono concordi; segno **negativo** se sono discordi;
- *valore assoluto* uguale al prodotto dei valori assoluti.

PROVA SUBITO Calcola: $(+2)\cdot(+3)$; $(+12)\cdot(-2)$; $(-8)\cdot(-6)$; $(-3)\cdot(+9)$.

Divisione di due interi

Interi concordi	Interi discordi
$(+10):(+2)=+5$ ($10:2$)	$(-15):(+5)=-3$ ($15:5$)
$(-6):(-3)=+2$ ($6:3$)	$(+20):(-4)=-5$ ($20:4$)

Il **quoziente di due interi** è un intero che ha:

- *segno* **positivo** se sono concordi; segno **negativo** se sono discordi;
- *valore assoluto* uguale al quoziente dei valori assoluti.

PROVA SUBITO Calcola: $(+12):(+2)$; $(-8):(-4)$; $(+25):(-5)$; $(-12):(+4)$.

Potenza di un intero

	esponente dispari	esponente pari
Intero negativo	$(-2)^3=(-2)\cdot(-2)\cdot(-2)=-8$ (2^3)	$(-2)^2=(-2)\cdot(-2)=+4$ (2^2)
Intero positivo	$(+2)^3=(+2)\cdot(+2)\cdot(+2)=+8$ (2^3)	$(+2)^2=(+2)\cdot(+2)=+4$ (2^2)

La **potenza di un intero negativo** è un intero che ha:

- *segno* **negativo** se l'esponente è dispari; segno **positivo** se l'esponente è pari;
- *valore assoluto* uguale alla potenza del valore assoluto.

La **potenza di un intero positivo** è un intero che ha:

- *segno* **positivo**;
- *valore assoluto* uguale alla potenza del valore assoluto.

PROVA SUBITO Calcola:
$(-5)^3$; $(-6)^3$; $(-2)^5$; $(-4)^3$; $(-5)^2$; $(-3)^4$; $(-4)^2$; $(-7)^2$; $(+2)^3$; $(+6)^2$; $(+3)^5$; $(+4)^4$.

Esercizi

Moltiplicazione e divisione

40 **Completa** la seguente tabella con i simboli + e –.

a	b	c	$a \cdot b$	$c : b$	$a \cdot c$	$a \cdot b \cdot c$
+	+	+				
+	+	–	+	–	–	–
+	–	–				
–	–	–				
–	–	+				
+	–	+				

Calcola le seguenti moltiplicazioni e divisioni.

41
a. $(+2) \cdot (+8) = +(2 \cdot 8) = +16$
b. $(+48) : (+4) = +(48 : 4) = +12$
c. $(-30) : (+6) = +(30 : 6) = -5$
d. $(-5) \cdot (-3) = +(5 \cdot 3) = +15$
e. $(-9) \cdot (+6)$
f. $(-22) : (-11)$
g. $(+7) \cdot (-3)$
h. $(+25) : (-5)$

42
a. $(-2) \cdot 0$
b. $(+1) \cdot (-9)$
c. $(+3) \cdot (-1)$
d. $(+1) \cdot (-1)$
e. $(+4) : (-4)$
f. $(-5) : (+1)$
g. $(+23) : (-1)$
h. $0 : (+7)$

43
a. $(+4) \cdot (+3) \cdot (-5)$
b. $(+2) \cdot (-1) \cdot (+3) \cdot (+4)$
c. $(-2) \cdot (-3) \cdot (-6)$
d. $(+8) \cdot (-5) \cdot (-2) \cdot (+3)$
e. $(-4) \cdot (+2) \cdot (-5)$
f. $(-1) \cdot (-7) \cdot (-3) \cdot (-2)$

Semplifica le seguenti espressioni.

44 $[(+12) : (+4)] \cdot [(-2) \cdot (-5)]$

45 $[(-6) \cdot (+3)] : [(-3) \cdot (+3)] \cdot (-2)$

46 $[(-1) \cdot (+4) \cdot (-6)] : (-8)$

47 $-2 \cdot [(+20) : (-4)] \cdot (+7)$

Moltiplicazioni e divisioni devono essere eseguite prima di addizioni e sottrazioni.

48 $(-12) : (-6) + 5 \cdot (-1)$

49 $-10 + 7 \cdot (+2) - 8$

50 $(7-9) \cdot 3 - [14 + (-2) \cdot (-3)] - 5 \cdot (-2)$ [– 16]

51 $[4 \cdot (-3) - 16 : (-8)] \cdot [-(3-4) \cdot (-10 : 5)]$ [+ 20]

52 **ESERCIZIO GUIDA**

Traduciamo la frase seguente in espressione e **calcoliamo** il suo valore.
«Sottrai il prodotto tra -3, $+5$ e -2 al quoziente tra -40 e $+2$».

Come si risolve

«Sottrai il prodotto…	$\ldots - \ldots \cdot \ldots$
… tra -3, $+5$ e -2 …	$\ldots - (-3)\cdot(+5)\cdot(-2)$
… al quoziente…	$\ldots : \ldots - (-3)\cdot(+5)\cdot(-2)$
… tra -40 e $+2$».	$(-40):(+2) - (-3)\cdot(+5)\cdot(-2)$

Poiché la moltiplicazione e la divisione hanno la precedenza sulla sottrazione, non dobbiamo usare le parentesi quadre.

Semplifichiamo l'espressione.

$(-40):(+2)-(-3)\cdot(+5)\cdot(-2)=$ prodotto fra 3 fattori, di cui 2 (pari) negativi

$(-20)-(+30)=$ togliamo le parentesi

$-20-30=$

-50

Traduci **le frasi seguenti in espressioni simboliche e poi** **calcola** **il valore.**

53 Aggiungi al prodotto tra $+2$ e -7 il quoziente tra -45 e $+5$. $[-23]$

54 Sottrai il quoziente tra -15 e $+3$ al prodotto tra $+2$ e -3. $[-1]$

55 Moltiplica la somma tra -2 e $+4$ con il quoziente tra $+16$ e -8. $[-4]$

56 Sottrai il prodotto tra -2, -6 e -3 al quoziente tra $+10$ e $+5$. $[+38]$

Potenze

Qual è il segno delle seguenti potenze?

57 $(+4)^5$ ☐ $(+7)^4$ ☐ $(-9)^6$ ☐ $(-6)^3$ ☐ $(-5)^4$ ☐

58 $(-3)^6$ ☐ -8^4 ☐ $(-2)^7$ ☐ -5^3 ☐ $-(-2)^9$ ☐ $-(-7)^8$ ☐

Calcola le seguenti potenze.

59 $(+4)^2$; $(-6)^2$; $(-4)^3$; 0^5; $(-1)^3$; $(-12)^1$.

60 $(-2)^5$; $-(-3)^3$; $(-2)^4$; $-(-7)^2$; $-(-3)^2$.

61 $(-1)^{12}$; $(-1)^{13}$; $(-2)^3$; -2^3; $-(-2)^3$.

62 $(-4)^2$; $-(-5)^1$; $(-20)^0$; $-(-11)^1$; $(-3)^3$.

63 **Completa** le uguaglianze (a volte c'è più di una risposta possibile).

a. $-(\square)^5=-32$;
b. $(\square)^2=9$;
c. $(\square)^2=+100$;
d. $(-2)^{\square}=+1$;
e. $(\square)^3=-27$
f. $(-1)^{\square}=+1$

64 **Completa.**

a	-2	$+2$	$+3$	-3	0	$+1$	-1
a^0	$+1$						
a^1	-2						
a^2	$+4$						
a^3	-8						

Proprietà delle potenze

65 **Trova l'errore.**

a. $(-4)^2 \cdot (-4)^3 = +4^5$;
b. $(-2)^4 \cdot (-2)^3 = (-2)^{12}$;
c. $(-12)^3 : 3^3 = 4^3$;
d. $(-10)^4 : 10^2 = -10^2$;
e. $[(-3)^3]^2 = (-3)^5$;
f. $-7^6 : 7^4 = (-7)^2$.

66 **ESERCIZIO GUIDA**

Semplifichiamo la seguente espressione: $-[(+2)^2]^3 \cdot (-4)^6 \cdot [(-8)^5 \cdot (+4)^0] : (-8)^9$.

Come si risolve

$-[(+2)^2]^3 \cdot (-4)^6 \cdot [(-8)^5 \cdot (+4)^0] : (-8)^9 =$ — $(a^k)^t = (a)^{k \cdot t}$, $a^0 = 1$

$-(+2)^{2 \cdot 3} \cdot (-4)^6 \cdot [(-8)^5 \cdot 1] : (-8)^9 =$

$-(+2)^6 \cdot (-4)^6 \cdot (-8)^5 : (-8)^9 =$ — $a^k \cdot b^k = (a \cdot b)^k$

$-[(+2) \cdot (-4)]^6 \cdot (-8)^5 : (-8)^9 =$

$-(-8)^6 \cdot (-8)^5 : (-8)^9 =$ — $a^k \cdot a^t = a^{k+t}$; $a^k : a^t = a^{k-t}$, con $k \geq t$

$-(-8)^{6+5-9} = -(-8)^2 = -(+64) = -64$

Semplifica le seguenti espressioni applicando le cinque proprietà delle potenze.

67

a. $(+2)^3 \cdot (+2)^6$; $(-6)^3 \cdot (-6)^5$; $(-3)^2 \cdot (-3)^4$.
b. $(+3)^9 : (+3)^2$; $(-8)^7 : (-8)^4$; $(-4)^5 : (-4)$.
c. $[(-2)^3]^5$; $[(+3)^2]^3$; $-\{[(-5)^3]^5\}^2$.
d. $(+2)^4 \cdot (+5)^4$; $(-3)^5 \cdot (+7)^5$; $(-6)^3 \cdot (-2)^3$.
e. $(+18)^4 : (+9)^4$; $(-12)^7 : (+3)^7$; $(-15)^6 : (-5)^6$.

68

a. $(-4)^5 \cdot (-4)^6 : [(-4)^3]^2$
b. $(+3)^4 \cdot (-2)^4 : (-6)^2$
c. $[(-60)^3 : (+30)^3]^2$
d. $[(-4)^3 \cdot (+5)^3]^4 : [(-16)^{12} : (+8)^{12}]$
e. $[3^2 \cdot (+3)^5]^3 : (+3)^{18}$.

Proprietà delle potenze

$a^k \cdot a^t = a^{k+t}$ $\quad a^k : a^t = a^{k-t}$
$a^k \cdot b^k = (a \cdot b)^k$ $\quad a^k : b^k = (a : b)^k$
$(a^k)^t = a^{k \cdot t}$

> 💡 Calcola prima le potenze, poi moltiplicazioni e divisioni e infine addizioni e sottrazioni.

69 $[(-10)^2 \cdot (-10)^4 : (-10)^3]^2 : (-10)^6 \cdot (-2)^3$ [-8]

70 $[(+15)^4 : (-5)^4] \cdot [(-3)^5]^3 : (-3)^{16}$ [-27]

71 $(-7)^9 \cdot (-7)^8 : [(-7)^3]^4 : \{21^3 : [-18 : (+6)]^3\}$ [$+49$]

72 $-[(-3)^5 : (-3)^3] \cdot (+2)^2 \cdot [-(5^6 \cdot 5^3 : 5^7)]$ [$+900$]

73 **Completa** inserendo i simboli + e − in modo da poter applicare le proprietà delle potenze.

a. $(+3)^5 \cdot (-3)^4 : (-3)^2 = (+3)^5 \cdot (+3)^4 : (\square 3)^2 = (\square 3)^7 = \square 3^7$

b. $(-2)^5 : (+2)^4 \cdot (-2)^8 = (\square 2)^5 : (\square 2)^4 \cdot (\square 2)^8 = (\square 2)^9 = \square 2^9$

c. $[-(-2)^2]^3 \cdot (-2)^4 = (\square 2)^6 (-2)^4 = (\square 2)^6 (\square 2)^4 = (\square 2)^{10} = \square 2^{10}$

Espressioni di riepilogo

74 **ESERCIZIO GUIDA**

Semplifichiamo la seguente espressione.

$[-27^3 : 9^3]^5 : (+3)^{15} - [(-2)^7 \cdot (-2)^4 : (-2)^6 - 2^2]$

Come si risolve

$[-27^3 : 9^3]^5 : (+3)^{15} - [(-2)^7 \cdot (-2)^4 : (-2)^6 - 2^2] =$

$[-3^3]^5 : (+3)^{15} - [(-2)^5 - 2^2] =$

$-(3^3)^5 : (+3)^{15} - [-2^5 - 2^2] =$

$-3^{15} : (+3)^{15} - [-32 - 4] = -1 - [-36] = -1 + 36 = +35$

Semplifica le seguenti espressioni applicando, quando è possibile, le proprietà delle potenze.

75 $[(-4)^3 \cdot (+5)^3 \cdot (+3)^3] - [(-10)^3 \cdot (-2)^3 \cdot (-3)^3]$ [0]

76 $(-18)^2 : (+2^5 : 2^3) + (-8 \cdot 2 + 5)$ [$+70$]

77 $(+2)^3 - \{[7 \cdot (-3)] + (-2)^0\} + (-3)^2$ [$+37$]

78 $-(-3)^2 + [(-4)^2 \cdot (+6)^2 : 12^2]^2 + (-7)^1$ [0]

79 $[(-2)^4 - 2^4] \cdot [3 + (-5)]^4 + [(-15 : 3) \cdot (-2)^2]$ [-20]

80 $[-45 + (-2)^2 \cdot 5] : (-5)^2 - [(-6)^9 \cdot (-6)^3] : [(-6)^3]^4$ [-2]

81 $(+3)^3 : \{1 + (+2)^3 \cdot (+2)^2 : 11\}^3 + [(-5)^3 : 5^3]^5$ [0]

82 $-[(-2)^5]^3 : [-6 + 5 \cdot (-12 + 7 - 3) : (-2 \cdot 5)]^{12}$ [$+8$]

83 $[-(4^3 : 4^2 - 2^2 \cdot 3^2)] : (+2)^5 + [(-2)^4 - (+3)^3]$ [-10]

84 $\{-100 : [(-5)^6 \cdot (+5)^4 : (-5)^8]\}^2 - (14 - 2 \cdot 3)^2 : [-(-11 + 9)]^2$ [0]

ESERCIZI DI RIEPILOGO NUMERI INTERI

Metti in ordine crescente i risultati delle seguenti operazioni.

1 $(-3)+(-7)$; $(+4)\cdot(-5)$; $7\cdot(-3)$; $(-25):5$; $4-(-6)$; $(-30):(-5)$.

2 $(-2)^4$; $(-32):8$; $(-3)^3$; $18-(-2)$; $18:(-2)$; $5+(-8)$.

Calcola il valore delle seguenti espressioni, dopo aver sostituito alle lettere i valori scritti a fianco.

3 $(-x)^2y^3+xy^4+x^5:x^3-(x+y)$; $x=+3$, $y=-1$. [1]

4 $(a^2)^3+b^2:a^2+(-a-b)\cdot(-a+b)$; $a=-2$, $b=+4$. [56]

Traduci in espressioni simboliche e poi calcola il valore.

5 Sottrai al doppio di -2 il quadrato di 3. [-13]

6 Aggiungi al prodotto tra -6 e $+2$ il numero precedente a -5. [-18]

Traduci in espressioni simboliche e poi calcola il valore dopo aver assegnato alle lettere i valori indicati.

7 Sottrai il quoziente tra x e y al doppio della somma tra x e l'opposto di y; $x=+12$, $y=-3$. [34]

8 Moltiplica il quadruplo di a per la differenza tra b e a; $a=-2$, $b=-5$. [24]

Nei seguenti esercizi abbiamo evidenziato le parole che, abbinate correttamente ai simboli + e −, ti aiutano a risolvere il problema.

9 **Fusi orari** Roma è un'ora avanti rispetto al tempo del meridiano di Greenwich. Tokyo è 8 ore avanti rispetto a Roma. New York è 14 ore indietro rispetto a Tokyo. Quale delle seguenti espressioni esprime l'ora di New York rispetto a quella di Greenwich?

- A $(+1)+(+8)+(+14)$
- B $(+1)+(+8)+(-14)$
- C $(+1)-(+8)-(+14)$
- D $(+1)+(+9)+(-14)$

10 **Villetta** L'architetto Enrico ha progettato una nuova villetta. Le fondamenta saranno poste 4 m sotto il livello del suolo, il soffitto del primo piano sarà a 7 m di altezza rispetto alle fondamenta e la mansarda sarà alta 2 m. A quale altezza sarà posizionato il tetto rispetto al suolo? Risolvi il problema con un'espressione.

11 **100 m** Alle Olimpiadi di Londra del 2012, Usain Bolt ha vinto i 100 m battendo il record olimpico. Il terzo classificato ha corso in un tempo superiore di 10 millesimi al vecchio record, il secondo classificato ha tagliato il traguardo 4 millesimi prima del terzo e Bolt ha preceduto il secondo di 12 millesimi.
Di quanti millesimi Bolt ha battuto il record olimpico?

Semplifica le seguenti espressioni

12 $(-5)^2:(5^4:5^3)-[-3^3:3^2+(-4)^3:(-4)^2]$ [12]

13 $[(45:9)^2:5]-(6^3\cdot 6^2):6^4+(-12)^0+(-1-3)^2$ [16]

CAPITOLO 4 NUMERI RAZIONALI E NUMERI REALI

1 Numeri razionali

Frazioni e numeri razionali

frazione $\frac{5}{7}$ — numeratore: 5; denominatore: 7	$\frac{3}{6}=\frac{4}{8}$ **frazioni equivalenti**; $3\cdot 8=6\cdot 4$

Una **frazione** è formata da due numeri naturali: il primo è il **numeratore**, il secondo è il **denominatore** e deve essere diverso da 0.

Due frazioni $\frac{a}{b}$ e $\frac{c}{d}$ sono **equivalenti** se $a\cdot d=b\cdot c$.

Otteniamo frazioni equivalenti moltiplicando o dividendo numeratore e denominatore per uno stesso numero naturale diverso da 0 (**proprietà invariantiva**).

Un **numero razionale** è rappresentato da una frazione con il segno. Due numeri razionali sono **uguali** se hanno lo stesso segno e le frazioni sono equivalenti.

Possiamo non scrivere il segno +. Per esempio, $\frac{3}{4}$ e $+\frac{3}{4}$ indicano lo stesso numero razionale.

PROVA SUBITO Indica le coppie di frazioni equivalenti: $\frac{1}{2}$ e $\frac{3}{4}$; $\frac{4}{6}$ e $\frac{2}{3}$; $\frac{3}{9}$ e $\frac{5}{15}$.

Semplificazione

$$\frac{60}{42}=\frac{60:6}{42:6}=\frac{10}{7}$$

$6=\text{MCD}(60;42)$; $\frac{10}{7}$: frazione ridotta ai minimi termini

Possiamo **semplificare** una frazione dividendo numeratore e denominatore per uno stesso numero diverso da 0.

Se dividiamo numeratore e denominatore per il loro massimo comune divisore, otteniamo una frazione **ridotta ai minimi termini**.

PROVA SUBITO Riduci ai minimi termini: $\frac{15}{10}$; $\frac{14}{28}$; $\frac{24}{30}$; $\frac{18}{4}$.

Riduzione a denominatore comune

$$\frac{5}{8}=\frac{45}{72}\ (\cdot 9) \qquad \frac{7}{36}=\frac{14}{72}\ (\cdot 2)$$

$72 = \text{mcm}(8; 36)$

Per ridurre due o più frazioni al **minimo comune denominatore**, le trasformiamo in frazioni equivalenti usando come denominatore il minimo comune multiplo dei denominatori.

PROVA SUBITO Riduci al minimo comune denominatore le seguenti coppie:

$\frac{5}{6}, \frac{4}{5}$; $\quad \frac{2}{3}, \frac{7}{8}$; $\quad \frac{3}{10}, \frac{1}{6}$.

Confronto di numeri razionali

$$-\frac{5}{3} < -\frac{3}{2} \quad \text{perché } -10 < -9 \qquad \left(-\frac{10}{6}, \ -\frac{9}{6}\right)$$

$$+\frac{3}{4} > +\frac{2}{5} \quad \text{perché } +15 > +8 \qquad \left(+\frac{15}{20}, \ +\frac{8}{20}\right)$$

Per confrontare due numeri razionali concordi, li riduciamo al minimo comune denominatore e confrontiamo i numeratori.

PROVA SUBITO Disponi in ordine crescente: $-\frac{5}{7}$; $+\frac{2}{5}$; $+\frac{1}{4}$; $-\frac{3}{5}$; $-\frac{9}{8}$.

Esercizi

Riduci ai minimi termini le seguenti frazioni.

1 $\frac{12}{14}=\frac{12:2}{14:2}=\frac{6}{7}$; $\frac{10}{36}$; $\frac{16}{22}$; $\frac{22}{77}$.

2 $\frac{75}{30}$; $\frac{68}{51}$; $\frac{90}{63}$; $\frac{105}{28}$; $\frac{30}{81}$.

Riduci al minimo comune denominatore ogni gruppo di frazioni.

3 $\frac{3}{8}, \frac{5}{6} \rightarrow \frac{3\cdot 3}{8\cdot 3}, \frac{5\cdot 4}{6\cdot 4} \rightarrow \frac{9}{24}, \frac{20}{24}$; $\quad \frac{13}{18}, \frac{1}{4}$; $\quad \frac{3}{20}, \frac{7}{25}$.

4 $\frac{5}{6}, \frac{1}{15}, \frac{9}{10}$; $\quad \frac{11}{14}, \frac{1}{6}, \frac{5}{21}$.

5 $\frac{1}{12}, \frac{7}{30}$; $\quad \frac{11}{35}, \frac{3}{10}$; $\quad \frac{5}{8}, \frac{11}{20}$.

6 $\frac{1}{3}, \frac{11}{7}, \frac{5}{9}$; $\quad \frac{5}{22}, \frac{4}{33}, \frac{7}{6}$.

7 **Disponi** in ordine crescente: $-\frac{2}{3}$; $\frac{1}{2}$; $-\frac{11}{15}$; $\frac{3}{8}$; $\frac{5}{16}$; $-\frac{3}{5}$.

8 **Disponi** in ordine decrescente: $\frac{5}{9}$; $-\frac{5}{7}$; $-\frac{8}{14}$; $\frac{7}{10}$; $-\frac{9}{14}$; $\frac{23}{45}$.

2 Operazioni

Addizione e sottrazione

Addizione

$$\frac{1}{2}+\frac{5}{3}=\frac{3}{6}+\frac{10}{6}=\frac{3+10}{6}=\frac{13}{6}$$

$6 = \text{mcm}(2; 3)$

Sottrazione

$$\frac{3}{4}-\frac{1}{6}=\frac{9}{12}-\frac{2}{12}=\frac{9-2}{12}=\frac{7}{12}$$

$12 = \text{mcm}(4; 6)$

Per **sommare** o **sottrarre** due numeri razionali, li riduciamo al minimo comune denominatore e poi sommiamo o sottraiamo i numeratori.

PROVA SUBITO Esegui le seguenti addizioni e sottrazioni:

$\frac{2}{5}+\frac{7}{15}$; $\quad -\frac{6}{7}+\frac{1}{2}$; $\quad \frac{3}{4}-\frac{5}{3}$; $\quad \frac{7}{2}-\left(-\frac{4}{3}\right)$.

Moltiplicazione e divisione

Moltiplicazione

$$\frac{2}{3}\cdot\frac{4}{5}=\frac{2\cdot 4}{3\cdot 5}=\frac{8}{15}$$

$$\frac{\cancel{15}^{3}}{\cancel{8}_{2}}\cdot\frac{\cancel{12}^{3}}{\cancel{25}_{5}}=\frac{3\cdot 3}{2\cdot 5}=\frac{9}{10}$$

semplificazione in croce

Divisione

$$\frac{5}{7}:\frac{3}{4}=\frac{5}{7}\cdot\frac{4}{3}=\frac{20}{21}$$

reciproco

Il **prodotto** di due numeri razionali ha come numeratore il prodotto dei numeratori e come denominatore il prodotto dei denominatori. Per il segno usiamo le stesse regole che valgono per i numeri interi.

Prima di eseguire una moltiplicazione, possiamo **semplificare in croce** i fattori in comune.

Il **reciproco** di un numero razionale si ottiene scambiando numeratore e denominatore.

La **divisione** fra due numeri razionali si ottiene moltiplicando il primo per il reciproco del secondo.

PROVA SUBITO Esegui le seguenti moltiplicazioni e divisioni:

$\left(-\frac{3}{5}\right)\cdot\frac{5}{9}$; $\quad \frac{1}{8}\cdot\frac{12}{7}$; $\quad \left(-\frac{1}{4}\right):\left(-\frac{5}{8}\right)$; $\quad \frac{7}{2}:\frac{3}{8}$.

Potenza

$$\left(\frac{2}{3}\right)^4=\frac{2^4}{3^4}=\frac{16}{81} \qquad \left(\frac{5}{7}\right)^0=\frac{5^0}{7^0}=\frac{1}{1}=1$$

esponente pari

$$\left(-\frac{5}{2}\right)^2=+\frac{5^2}{2^2}=+\frac{25}{4}$$

esponente dispari

$$\left(-\frac{5}{2}\right)^3=-\frac{5^3}{2^3}=-\frac{125}{8}$$

$$\left(\frac{4}{3}\right)^{-3}=\left(\frac{3}{4}\right)^3=\frac{3^3}{4^3}=\frac{27}{64}$$

reciproco

Per elevare un numero razionale a una **potenza con esponente positivo o nullo**, eleviamo numeratore e denominatore alla stessa potenza. Per il segno, valgono le stesse regole viste per i numeri interi.

Se l'**esponente è negativo**, eleviamo il reciproco della base allo stesso esponente, cambiato di segno.

PROVA SUBITO Calcola le seguenti potenze:

$\left(\frac{5}{4}\right)^2$; $\left(-\frac{3}{5}\right)^3$; $\left(-\frac{2}{3}\right)^4$; $\left(\frac{1}{25}\right)^0$; $\left(\frac{2}{7}\right)^{-2}$; $\left(-\frac{3}{4}\right)^{-3}$.

Esercizi

Addizione e sottrazione

Esegui le seguenti addizioni e sottrazioni.

9 $\frac{3}{5}+\frac{4}{5}$; $\frac{1}{7}+\frac{2}{7}$; $\frac{5}{3}-\frac{10}{3}$.

10 $\frac{1}{4}+\frac{1}{3}$; $\frac{2}{9}+\frac{1}{18}$; $-\frac{1}{6}+\frac{2}{3}$.

11 $\frac{3}{5}+\left(-\frac{2}{15}\right)$; $\frac{7}{9}-\left(-\frac{1}{3}\right)$; $3-\left(-\frac{1}{4}\right)$.

$3=\frac{3}{1}$

12 $\frac{6}{5}-\frac{3}{10}+\frac{1}{8}$; $\frac{5}{14}-\left(-\frac{1}{4}\right)+1$.

Moltiplicazione e divisione

Esegui le seguenti moltiplicazioni.

13 $\frac{1}{5}\cdot\frac{7}{3}=\frac{1\cdot 7}{5\cdot 3}=\frac{7}{15}$; $\left(-\frac{2}{9}\right)\cdot\frac{4}{3}$; $\frac{3}{5}\cdot\frac{8}{7}$.

14 $\left(-\frac{2}{9}\right)\cdot\frac{3}{8}$; $\frac{15}{24}\cdot\left(-\frac{16}{3}\right)$; $\frac{18}{5}\cdot\frac{50}{6}$.

Esegui le seguenti divisioni.

15 $\frac{3}{4}:\frac{9}{5}=\frac{\cancel{3}^1}{4}\cdot\frac{5}{\cancel{9}_3}=\frac{5}{12}$; $\frac{1}{7}:\left(-\frac{11}{14}\right)$; $\frac{3}{10}:9$.

16 $\left(-\frac{12}{15}\right):\frac{28}{10}$; $\left(-\frac{8}{25}\right):\left(-\frac{8}{15}\right)$; $\frac{7}{100}:\frac{1}{25}$.

$9=\frac{9}{1}$, quindi il reciproco di 9 è $\frac{1}{9}$.

17 Quanto vale il prodotto tra un numero razionale e il suo reciproco?

Semplifica le seguenti espressioni.

18 $\frac{3}{8}\cdot\left(2-\frac{2}{5}\right);\quad \frac{7}{4}:\left(\frac{1}{4}-\frac{1}{10}\right).$

19 $\frac{3}{4}\cdot\left(\frac{1}{2}-\frac{1}{3}\right)\cdot\frac{4}{5};\quad \left(-\frac{1}{3}-\frac{5}{6}\right):(-2).$

20 $\left[\frac{1}{5}-\left(-\frac{1}{2}\right)+\frac{3}{10}\right]:\frac{5}{3};\quad \left(\frac{3}{4}-\frac{3}{2}\right)\cdot\left(-3+\frac{1}{6}\right).$

21 $\frac{7}{3}\cdot\left(\frac{5}{4}-\frac{1}{8}\right)\cdot\frac{10}{3}:\frac{35}{4};\quad \left(-\frac{25}{2}\right)\cdot\frac{4}{15}+\left(\frac{11}{3}:\frac{44}{7}\right).$

Potenza

Calcola le seguenti potenze.

22 $\left(\frac{2}{3}\right)^3=\frac{2^3}{3^3}=\frac{8}{27};\quad \left(\frac{2}{5}\right)^2;\quad \left(\frac{4}{3}\right)^0;\quad \left(\frac{3}{2}\right)^4.$

23 $\left(-\frac{1}{3}\right)^2;\quad \left(-\frac{1}{3}\right)^3;\quad \left(\frac{5}{3}\right)^2;\quad \left(\frac{8}{7}\right)^1.$

24 $\left(\frac{4}{5}\right)^{-2};\quad \left(\frac{2}{3}\right)^{-3};\quad \left(-\frac{3}{2}\right)^{-2};\quad \left(-\frac{1}{3}\right)^{-3}.$

25 $4^{-2};\quad 4^{-3};\quad (-4)^{-2};\quad \left(-\frac{1}{4}\right)^{-1}.$

26 **Completa** le seguenti uguaglianze.

a. $\left(\frac{1}{4}\right)^{\boxed{2}}=\frac{1}{16};$

b. $\left(\frac{\square}{7}\right)^2=\frac{9}{49};$

c. $\left(-\frac{2}{\square}\right)^3=-\frac{8}{27};$

d. $\left(-\frac{3}{7}\right)^{\square}=1;$

e. $\left(\frac{1}{5}\right)^{\square}=125;$

f. $\left(-\frac{1}{\square}\right)^4=\frac{1}{10\,000}.$

27 **ESERCIZIO GUIDA**

Semplifichiamo: $\left(\frac{1}{5}-\frac{3}{10}\right)^2\cdot\left(-\frac{25}{3}\right)+\left[\left(2+\frac{1}{8}\right):\frac{17}{4}\right]^3.$

Come si risolve

$$\left(\frac{1}{5}-\frac{3}{10}\right)^2\cdot\left(-\frac{25}{3}\right)+\left[\left(2+\frac{1}{8}\right):\frac{17}{4}\right]^3=\left(-\frac{1}{10}\right)^2\cdot\left(-\frac{25}{3}\right)+\left[\frac{17}{8}:\frac{17}{4}\right]^3=$$

$\frac{2}{10}-\frac{3}{10}$ $\qquad$ $\frac{16}{8}+\frac{1}{8}$

$$\frac{1}{\cancel{100}_4}\cdot\left(-\frac{\cancel{25}^1}{3}\right)+\left[\frac{\cancel{17}^1}{\cancel{8}_2}\cdot\frac{\cancel{4}^1}{\cancel{17}_1}\right]^3=-\frac{1}{12}+\left[\frac{1}{2}\right]^3=-\frac{1}{12}+\frac{1}{8}=-\frac{2}{24}+\frac{3}{24}=\frac{1}{24}$$

Semplifica le seguenti espressioni.

28 $\left[\left(1-\frac{3}{5}\right)^3\cdot\left(\frac{5}{3}\right)^2+\frac{1}{9}\right]:\left[\left(\frac{4}{3}\right)^2-\frac{1}{3}\right]$ $\left[\frac{1}{5}\right]$

29 $\left[\frac{11}{25}+\left(\frac{3}{5}\right)^2\right]:4+6\cdot\left(-\frac{3}{2}\right)^{-2}:\left[(-3)^{-3}-\frac{1}{3}\right]$ $[-7]$

30 $\left[\frac{13}{7}:\left(3+\frac{5}{7}\right)\right]^{-4}:\left(1-\frac{5}{2}\cdot\frac{4}{3}\right)^2+\left[\left(\frac{3}{7}\right)^0-\left(\frac{1}{2}\right)^{-2}\right]$ $\left[-\frac{3}{49}\right]$

31 $\left[\frac{8}{7}\cdot\left(\frac{2}{3}\right)^{-1}:\frac{1}{14}\right]+\left[\frac{7}{36}+\left(\frac{5}{6}\right)^2\right]\cdot\left(\frac{3}{2}\right)^2:2$ $[25]$

Proprietà delle potenze

1. $\left(\frac{a}{b}\right)^k \cdot \left(\frac{a}{b}\right)^t = \left(\frac{a}{b}\right)^{k+t}$ 2. $\left(\frac{a}{b}\right)^k : \left(\frac{a}{b}\right)^t = \left(\frac{a}{b}\right)^{k-t}$ 3. $\left[\left(\frac{a}{b}\right)^k\right]^t = \left(\frac{a}{b}\right)^{k \cdot t}$

4. $\left(\frac{a}{b}\right)^k \cdot \left(\frac{c}{d}\right)^k = \left(\frac{ac}{bd}\right)^k$ 5. $\left(\frac{a}{b}\right)^k : \left(\frac{c}{d}\right)^k = \left(\frac{ad}{bc}\right)^k$

Semplifica applicando le proprietà delle potenze.

32 $\left(\frac{2}{3}\right)^3 \cdot \left(\frac{2}{3}\right)^2$; $\left(\frac{5}{2}\right)^7 : \left(\frac{5}{2}\right)^5$; $\left(\frac{7}{9}\right)^3 \cdot \left(\frac{9}{14}\right)^3$.

33 $\left(\frac{7}{2}\right)^3 \cdot \left(\frac{7}{2}\right)^{-2}$; $\left[\left(\frac{1}{2}\right)^2\right]^3$; $\left(-\frac{3}{4}\right)^2 : \left(-\frac{3}{16}\right)^2$.

34 $(-3)^{-1} : (-3)^{-2} \cdot (-3)^4$; $\left[\left(\frac{7}{5}\right)^{10} : \left(\frac{7}{5}\right)^{11}\right]^2 \cdot \left(\frac{7}{5}\right)^2$.

35 **ESERCIZIO GUIDA**

Semplifichiamo la seguente espressione:

$$\left[\left(\frac{3}{5}\right)^4\right]^2 \cdot \left(1-\frac{2}{5}\right)^5 : \left(\frac{3}{5}\right)^{11} - \left(-\frac{4}{3}\right)^4 \cdot \left(\frac{9}{10}\right)^4 : \left(-\frac{6}{5}\right)^3.$$

Come si risolve

$$\left[\left(\frac{3}{5}\right)^4\right]^2 \cdot \left(1-\frac{2}{5}\right)^5 : \left(\frac{3}{5}\right)^{11} - \left(-\frac{4}{3}\right)^4 \cdot \left(\frac{9}{10}\right)^4 : \left(-\frac{6}{5}\right)^3 =$$

applichiamo la quarta proprietà; terza proprietà

$$\left(\frac{3}{5}\right)^{4\cdot 2 = 8} \cdot \left(\frac{3}{5}\right)^5 : \left(\frac{3}{5}\right)^{11} - \left[\left(-\frac{\cancel{4}^{2}}{\cancel{3}_{1}}\right) \cdot \frac{\cancel{9}^{3}}{\cancel{10}_{5}}\right]^4 : \left(-\frac{6}{5}\right)^3 =$$

prima proprietà

$$\left(\frac{3}{5}\right)^{8+5 = 13} : \left(\frac{3}{5}\right)^{11} - \left(-\frac{6}{5}\right)^4 : \left(-\frac{6}{5}\right)^3 =$$

seconda proprietà

$$\left(\frac{3}{5}\right)^{13-11 = 2} - \left(-\frac{6}{5}\right)^{4-3 = 1} = \frac{9}{25} + \frac{6}{5} = \frac{39}{25}$$

Semplifica le seguenti espressioni.

36 $\left(\frac{5}{2}\right)^7 : \left[\left(\frac{5}{2}\right)^2\right]^3 \cdot \frac{5}{2} - \left(1-\frac{1}{8}\right)^2 \cdot \left(\frac{16}{7}\right)^2 \cdot \left(\frac{1}{4}\right)^2$ [6]

37 $\left(\frac{28}{33}\right)^3 : \left(\frac{14}{55}\right)^3 + \left[\left(-\frac{4}{3}\right)^3 \cdot \left(-\frac{4}{3}\right)^{-2}\right]^3$ $\left[\frac{104}{3}\right]$

38 $\left(2-\frac{1}{4}\right)^{-4} \cdot \left(1-\frac{5}{7}\right)^{-4} + \left(\frac{1}{4}\right)^2 \cdot \left(\frac{1}{4}\right)^3 : \left[\left(\frac{1}{4}\right)^2\right]^3 - \left(\frac{1}{4}\right)^{-1} \cdot \left(\frac{1}{5}\right)^{-1}$ [0]

39 $\left[\left(-\frac{1}{2}\right)^3 \cdot \left(-\frac{1}{2}\right)^6\right]^8 : \left[\left(-\frac{1}{2}\right)^{-3}\right]^{-20} : \left[\left(\frac{1}{8}\right)^6 \cdot (-4)^6\right]$ $\left[\frac{1}{64}\right]$

3 Numeri decimali e numeri reali

Dalla frazione al numero decimale

Numero decimale...

...finito: $\frac{37}{25} = 37 : 25 = 1{,}48$

...periodico semplice: $\frac{7}{3} = 7 : 3 = 2{,}333... = 2{,}\overline{3}$ (periodo: 3)

...periodico misto: $\frac{19}{15} = 19 : 15 = 1{,}2666... = 1{,}2\overline{6}$ (antiperiodo: 2; periodo: 6)

Possiamo trasformare una frazione in un **numero decimale** eseguendo la divisione tra numeratore e denominatore.

PROVA SUBITO Trasforma le seguenti frazioni in numeri decimali:

$\frac{1}{4}$; $\frac{3}{5}$; $\frac{2}{9}$; $\frac{17}{8}$; $\frac{41}{12}$; $\frac{37}{30}$.

Numeri decimali, frazioni, numeri reali

$2{,}36 = \frac{236}{100}$ (2 cifre decimali; 2 zeri)

$1{,}215 = \frac{1215}{1000}$ (3 cifre decimali; 3 zeri)

$3{,}\overline{6} = \frac{36-3}{9} = \frac{33}{9}$ (periodo: 1 cifra; 1 nove)

$4{,}17\overline{2} = \frac{4172-417}{900} = \frac{3755}{900}$ (periodo: 1 cifra; antiperiodo: 2 cifre; 1 nove; 2 zeri)

Per **trasformare un numero decimale finito in frazione**, scriviamo a numeratore il numero senza la virgola e a denominatore la cifra 1 seguita da tanti zeri quante sono le cifre decimali.

Per **trasformare un numero decimale periodico in frazione**, scriviamo:

- a numeratore la differenza fra il numero senza la virgola e il numero formato dalle cifre non periodiche;
- a denominatore tanti 9 quante sono le cifre del periodo seguiti da tanti zeri quante sono le cifre dell'antiperiodo.

Un numero è **irrazionale** se non può essere scritto come una frazione.

L'insieme dei **numeri reali** è formato dai numeri razionali e da quelli irrazionali.

PROVA SUBITO Trasforma in frazioni i seguenti numeri decimali:

$4{,}83$; $37{,}8$; $9{,}\overline{3}$; $17{,}\overline{21}$; $1{,}7\overline{3}$; $2{,}1\overline{43}$.

Approssimazioni

Arrotondiamo...

... 3,14...	ai decimi:	$3{,}14\ldots \simeq 3{,}1$ ($4<5$; cifra dei decimi)
... 748	alle decine:	$748 \simeq 750$ ($8>5$; cifra delle decine)

Per **arrotondare** un numero alle decine, all'unità, ai decimi... trascuriamo le cifre a destra di quella delle decine, dell'unità, dei decimi... .

Se la prima cifra trascurata è:

- minore di 5, lasciamo invariata l'ultima cifra valida; il numero ottenuto è una **approssimazione per difetto**;
- maggiore o uguale a 5, aumentiamo di 1 l'ultima cifra valida; il numero ottenuto è una **approssimazione per eccesso**.

PROVA SUBITO Arrotonda, indicando se l'approssimazione è per difetto o per eccesso.

2,785 ai decimi; 8,1273 ai millesimi; 238,9 all'unità.

Esercizi

Trasforma le seguenti frazioni in numeri decimali o viceversa.

40 $\frac{1}{5} = 1:5 = 0{,}2$; $\frac{2}{3}$; $\frac{7}{10}$; $\frac{23}{25}$; $\frac{7}{8}$.

41 $\frac{8}{7}$; $\frac{17}{36}$; $\frac{23}{16}$; $\frac{18}{5}$; $\frac{11}{20}$.

42 8,5; 9,36; 0,4; 1,533; 0,02.

43 $1{,}\overline{4}$; $5{,}\overline{3}$; $3{,}7\overline{2}$; $0{,}\overline{9}$; $1{,}3\overline{78}$.

Per ogni numero, stabilisci se è razionale o irrazionale. Se è razionale, esprimilo come frazione ridotta ai minimi termini.

44 $1{,}\overline{3}$; -4; $\sqrt{5}$; $\sqrt{9}$; π.

45 $\sqrt{\frac{1}{25}}$; $\pi+1$; 3,14; $\sqrt{2\cdot 7}$; $\sqrt{3}-\frac{1}{4}$.

La somma di un numero irrazionale con un numero razionale è ancora un numero irrazionale. Per esempio, $\pi+\frac{1}{2}$ e $\sqrt{2}-1$ sono irrazionali.

46 **Arrotonda**, indicando se l'apposimazione è per difetto o per eccesso.

a. $1{,}\overline{3}$ ai centesimi;
b. $\pi-3$ ai millesimi;
c. $\sqrt{2}$ ai decimi;
d. 299,9 all'unità;
e. 1936 alle decine;
f. $2{,}\overline{27}$ ai millesimi.

4 Proporzioni e percentuali

Proporzioni

estremi: 5 e 9; medi: 3 e 15

$5:3=15:9$ significa $\frac{5}{3}=\frac{15}{9}$

Proprietà fondamentale: $5 \cdot 9 = 3 \cdot 15$

Una **proporzione** è un modo di esprimere l'uguaglianza fra due frazioni.
Proprietà fondamentale: il prodotto degli estremi è uguale al prodotto dei medi.

PROVA SUBITO Verifica se le seguenti proporzioni sono corrette, usando la proprietà fondamentale: $2:3=4:6$; $5:2=15:3$; $1:7=3:21$.

Percentuali

$75\% = \frac{75}{100}$	$0{,}53 = 53\%$ ($\cdot 100$)
$22{,}5\% = \frac{22{,}5}{100} = \frac{225}{1000}$ ($\cdot 10$ al numeratore e al denominatore)	$\frac{3}{8} = 0{,}375 = 37{,}5\%$ ($\cdot 100$)

Per trasformare una **percentuale in frazione**, scriviamo a numeratore il numero senza il simbolo % e a denominatore 100.
Per trasformare un **numero razionale in percentuale**, lo scriviamo come numero decimale e poi lo moltiplichiamo per 100.

PROVA SUBITO Trasforma le seguenti percentuali in frazioni:

27%; 33,3%; 1,5%; 15,19%.

Esercizi

Proporzioni

47 **ESERCIZIO GUIDA**

Determiniamo x nella proporzione $3:7=x:35$.

Come si risolve

$3:7=x:35 \rightarrow 7x=3\cdot 35 \rightarrow x=\frac{3\cdot 35}{7}=15$

(proprietà fondamentale)

Determina *x* nelle seguenti proporzioni.

48 $x:3=5:15$ [1]

49 $1:8=x:72$ [9]

50 $9:17=12:x$ $\left[\frac{68}{3}\right]$

51 $x:52=5:65$ [4]

52 $x:3=5:10$ $\left[\frac{3}{2}\right]$

53 $\frac{1}{3}:x=\frac{4}{7}:3$ $\left[\frac{7}{4}\right]$

54 $9:x=x:4$ [6]

55 $x:5=20:x$ [10]

56 $9:x=x:16$ [12]

Utilizza la proprietà fondamentale: $x^2=.....$

57 **Distanze** Su una carta geografica in scala 1 : 25 000 misuri una distanza di 8,7 cm tra due località. Quanto distano nella realtà le due località, in linea d'aria? [2175 m]

58 **Rapporti in cucina** Nella ricetta di una torta, le dosi di burro e farina sono in rapporto 3 : 5. Se usi 350 g di farina, quanto burro devi utilizzare? [210 g]

59 **Produzione industriale** Un macchinario impiega un'ora e mezza per produrre 60 pezzi. Quanto impiega lo stesso macchinario per produrre 400 pezzi? [10 ore]

60 **ESERCIZIO GUIDA**

Dividiamo il numero 180 **in due parti proporzionali** a 5 e 7.

Come si risolve

Chiamiamo *x* e *y* le due parti.
Impostiamo una proporzione:

$x:y=5:7$.

Applichiamo la proprietà del comporre:

$(x+y):y=(5+7):7$.

Poiché $x+y=180$, otteniamo:

$180:y=12:7 \rightarrow y=\frac{180\cdot 7}{12}=105 \rightarrow$

$x=180-y=180-105=75$.

I due numeri cercati sono 75 e 105.

Proprietà del comporre:
se $a:b=c:d$
allora $(a+b):b=(c+d):d$.

61 Dividi il numero 75 in due parti proporzionali a 2 e 3. [30; 45]

62 Dividi il numero 121 in due parti proporzionali a 7 e 4. [77; 44]

63 **Per fare la ghisa** La ghisa è una lega metallica formata da ferro e carbonio. In una lastra di ghisa di 10 kg, carbonio e ferro sono in rapporto 1 : 24. Quanto carbonio c'è? [0,4 kg]

Percentuali

64 **Test**. Quale percentuale della figura è colorata in azzurro?

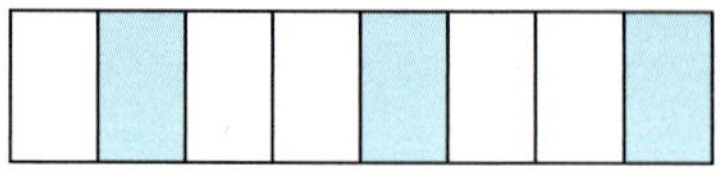

A 50%
B 62,5%
C 37,5%
D 75%

65 **Trasforma** le seguenti percentuali in frazioni ridotte ai minimi termini:

81% $= \frac{81}{100}$; 9,3%; 125%; 0,44%.

66 **Trasforma** in percentuali: $\frac{3}{5}$; $\frac{21}{20}$; $\frac{31}{50}$; $\frac{237}{1000}$.

67 **ESERCIZIO GUIDA**

Calcoliamo: **a.** il 15% di 920; **b.** il 2,6% di 12.

Come si risolve

a. Trasformiamo 15% in frazione: $15\% = \frac{15}{100} = \frac{3}{20}$.

Il 15% di 920 è: $\frac{3}{20} \cdot 920 = 138$.

b. $2{,}6\% \xrightarrow{\cdot 100} = 0{,}026$

Il 2,6% di 12 è: $0{,}026 \cdot 12 = 0{,}312$.

Possiamo anche usare una proporzione:

$2{,}6 : 100 = x : 12 \quad \rightarrow \quad x = \frac{2{,}6 \cdot 12}{100} = 0{,}312$.

68 **Calcola** i seguenti valori:

il 25% di 3000; il 5% di 18; lo 0,8% di 9800; il 16% di $\frac{4}{3}$.

69 Un triangolo equilatero ha perimetro 30 cm. Se aumenti la lunghezza di ogni lato del 10%, di quanti centimetri aumenta il perimetro del triangolo? [3 cm]

70 **Sconto studenti** Acquistando l'abbonamento mensile per l'autobus online hai diritto a uno sconto del 5%. Se il prezzo intero dell'abbonamento è € 32,80, qual è il prezzo scontato? [€ 31,16]

71 **Zuccheri e golosità** Una tavoletta di cioccolato da 80 g contiene 22 g di zuccheri. Qual è la percentuale di zuccheri presenti nella cioccolata? [27,5%]

72 **Primo cittadino** Alle elezioni per il nuovo sindaco della città si sono presentati 3 candidati. Il primo ha preso il 25% dei voti, il secondo il 40% e il terzo ha ricevuto 91 voti. Quanti voti hanno ricevuto i primi due candidati? [65; 104]

73 **Umidità nella legna** In una catasta ci sono 40 quintali di legna. Il tasso di umidità relativa (cioè il rapporto tra la massa dell'acqua contenuta nella legna e la massa totale) è del 50%. Dopo un periodo di essicazione, il tasso di umidità è del 20%. Qual è ora la massa della catasta? Quanta acqua è evaporata? [2500 kg; 1500 kg]

ESERCIZI DI RIEPILOGO NUMERI RAZIONALI E NUMERI REALI

Trasforma i seguenti numeri razionali in frazioni ridotte ai minimi termini e disponili in ordine crescente.

1 $-\frac{15}{20}$; $-\frac{2}{5}$; 1; 0,85; $\frac{9}{8}$; $-0,3$.

2 1,3; $\frac{11}{7}$; $-0,\overline{5}$; $1,4\overline{6}$; $-\frac{1}{2}$; $-0,55$.

Semplifica le seguenti espressioni.

3 $\frac{3}{14}\cdot\left[\left(-\frac{1}{2}+\frac{1}{4}+\frac{1}{5}\right)+\frac{8}{15}\cdot\frac{3}{4}\right]:\left(\frac{3}{2}\right)^2+\frac{1}{6}$ $\left[\frac{1}{5}\right]$

4 $\left[\left(3-\frac{1}{4}\right)\cdot\left(4-\frac{1}{3}\right):\left(\frac{11}{2}\right)^2+\left(1-\frac{1}{3}\right)\right]^8$ $[1]$

5 $\left[\left(\frac{8}{3}\right)^5\cdot\frac{8}{3}\right]^4:\left[\left(\frac{8}{3}\right)^9\cdot\left(\frac{8}{3}\right)^7\right]\cdot\left[\left(\frac{8}{3}\right)^{-1}\right]^6-\left(\frac{1}{7}\right)^{-1}$ $\left[\frac{1}{9}\right]$

6 $\left(\frac{126}{5}\right)^3\cdot\left(\frac{20}{63}\right)^3:64-3^2\cdot\left(\frac{1}{5}\right)^0+\frac{7}{23}\cdot\left(\frac{7}{23}\right)^{-1}$ $[0]$

7 $2,\overline{8}-\left[\left(0,6-\frac{1}{5}\right)\cdot\frac{5}{4}+0,2\right]\cdot\frac{10}{21}$ $\left[\frac{23}{9}\right]$

8 $\left[(5,\overline{4}-5,4)\cdot 3^2+(-3,1\overline{6})\cdot\left(-\frac{3}{19}\right)\right]:0,3$ $[3]$

Calcola il valore delle seguenti espressioni, dopo aver sostituito alle lettere i valori scritti a fianco.

9 $[3(a-b)]+\left(\frac{5}{7}ab-\frac{1}{a}\right)$; $a=\frac{2}{5}$, $b=\frac{7}{10}$. $\left[-\frac{16}{5}\right]$

10 $\frac{x^3+y^3}{x+y}$; $x=\frac{1}{3}$, $y=-\frac{1}{2}$. $\left[\frac{19}{36}\right]$

Traduci in espressioni simboliche e poi calcola il valore dopo aver assegnato alle lettere i valori indicati.

11 Sottrai al quadrato di a la somma di a con il doppio di b; $a=\frac{4}{5}$, $b=\frac{9}{10}$. $\left[-\frac{49}{25}\right]$

12 Dividi la somma tra x e il reciproco di y per la metà della differenza tra x e y; $x=-\frac{1}{6}$, $y=\frac{3}{2}$. $\left[-\frac{3}{5}\right]$

13 **Consumi** Un'auto consuma 4,5 L di benzina per percorrere 120 km.
Quanti litri consuma per percorrere 50 km?
Approssima il risultato arrotondando ai decimi. [$\simeq$ 1,9 L]

14 **Libri, books, Bücher** Su uno scaffale ci sono 35 libri. I libri in lingua italiana e quelli in lingua straniera sono in rapporto 5 a 2.
Quanti libri in lingua italiana ci sono sullo scaffale? [25]

15 **Costa di più** Il prezzo di una rivista è aumentato dell'8% rispetto all'anno scorso.
Se quest'anno la rivista costa € 2,70, quanto costava l'anno scorso? [€ 2,50]

SEZIONE A INSIEMI E NUMERI
TE LO RICORDI ANCORA?

1 **Test**. Dati gli insiemi $A = \{x \in \mathbb{N} \mid x$ è pari e maggiore di $4\}$, $B = \{x \in \mathbb{N} \mid 4 \leq x \leq 10\}$ e $C = \{4, 6, 7, 8, 11, 12\}$, quale dei seguenti insiemi è $(B - A) \cap C$?

A $\{4, 7, 11\}$ B $\{7\}$ C $\{4, 7\}$ D $\{4, 5, 6, 7, 8, 9, 11, 12\}$

2 **Associa** a ogni gruppo di numeri naturali il suo MCD.

a. 60, 15, 18 b. 105, 35, 25 c. 20, 28, 32 d. 21, 42, 49

1. 7 2. 3 3. 5 4. 4

3 **Test**. Quanto vale il doppio di 2^2 sommato alla terza parte di 3^3?

A 17 B 35 C 25 D 11

4 **Completa** le seguenti uguaglianze.

a. $3^{\square} - 10 = -1$

b. $(-\square^2) \cdot (-2) = +50$

c. $(-7)^5 : (-7)^{\square} = +49$

d. $1 - (-3)^3 = \square$

5 **Vero o falso?**

a. $-\frac{2}{3} < +\frac{3}{4}$ V F

b. $\frac{1}{2} > \frac{1}{3}$ V F

c. $-\frac{3}{5} < -\frac{4}{5}$ V F

d. $-\frac{4}{7} > -\frac{5}{9}$ V F

6 Quale delle seguenti uguaglianze è **errata**?

A $\left|-\frac{4}{7}\right| = \frac{4}{7}$

B $\left(\frac{2}{5}\right)^{-2} = \left(\frac{5}{2}\right)^2$

C $\left(-\frac{1}{3}\right)^3 = -\frac{1}{27}$

D $\left[\left(\frac{1}{6}\right)^2\right]^3 = \left(\frac{1}{6}\right)^5$

7 **Associa** a ogni numero decimale la frazione corrispondente.

a. 0,6 b. 0,66 c. $0,\overline{6}$ d. $0,\overline{60}$

1. $\frac{33}{50}$ 2. $\frac{3}{5}$ 3. $\frac{20}{33}$ 4. $\frac{2}{3}$

8 **Test.** Se in una bottiglia da 2 L di una certa bevanda sono presenti 0,21 kg di zucchero, quanto zucchero è presente in una lattina da 33 cL della stessa bevanda?

A $\simeq 3{,}5$ g B $\simeq 35$ g C $\simeq 0{,}7$ kg D $\simeq 0{,}07$ kg

9 **Completa**.

a. Il 30% di 450 è uguale a $\square$.

b. Il $\square$% di 8,6 è uguale a 3,01.

c. Aumentando 32 del 25% otteniamo $\square$.

d. Diminuendo 6800 del $\square$% otteniamo 6596.

10 **Test**. Quale dei seguenti numeri è irrazionale?

A $\left(\frac{3}{2}\right)^{-1}$ B 3 C $\pi - 1$ D $0,4\overline{5}$

SEZIONE B
CALCOLO ALGEBRICO

CAPITOLO 5

MONOMI

1 Definizioni

Definizione di monomio

Sono monomi:

$4xy$; $-\frac{2}{3}x^2y$; x^3z; $-ab$; 3.

coefficiente: 4; parte letterale: xy

coefficiente di x^3z: 1; coefficiente di $-ab$: -1

Non sono monomi:

$x+y$; $3x-14b$; $\frac{5x}{y}$; $2x^2y^{-3}$.

Un **monomio** è un'espressione letterale in cui compaiono solo moltiplicazioni tra numeri e potenze di lettere con esponente naturale.

PROVA SUBITO Sottolinea i monomi.

$4x+y$; $\frac{1}{2}xz^3$; $\frac{6xy}{z}$; $-\frac{2}{3}$; xy; $3a^2b^{-1}$.

Grado di un monomio

$5x^3z$ grado **3** rispetto a x grado **1** rispetto a z **grado del monomio**: $3+1=4$	3 grado 0 rispetto a ogni lettera **grado del monomio**: 0

Il **grado** di un monomio **rispetto a una lettera** è l'esponente che la lettera ha nel monomio. Il **grado complessivo** di un monomio è la somma degli esponenti delle lettere; per brevità, diciamo anche che è il **grado** del monomio.

PROVA SUBITO Calcola il grado rispetto a x e il grado complessivo dei seguenti monomi.

$2x^2y$; $\frac{1}{2}ab^3$; -4; $-\frac{2}{3}xz^4$; $-ab^2c^3$; $\frac{1}{4}$; $3x^2$; $-2y$.

Monomi simili, opposti, uguali

$6x^2y$ e $5x^2y$ sono **simili**	$+5x^2y$ e $-5x^2y$ sono **opposti**	$5x^2y$ e $5yx^2$ sono **uguali**

Due monomi sono:
- **simili** se hanno la stessa parte letterale;
- **opposti** se hanno la stessa parte letterale (cioè sono simili) e coefficienti opposti;
- **uguali** se hanno lo stesso coefficiente e la stessa parte letterale.

PROVA SUBITO Indica i monomi *solo* simili, quelli opposti e quelli uguali.

$\frac{3}{4}a^2b;\quad 2x^2y^3;\quad -\frac{1}{2}ab;\quad \frac{1}{2}ab;\quad -a^2b;\quad 2y^3x^2;\quad (-2+1)a^2b;\quad 5ba^2;\quad \frac{8}{3}x^2y^3.$

Esercizi

1 **Vero o falso?**

a. Un monomio può contenere numeri con esponente negativo. V F

b. Un monomio può contenere lettere con esponente negativo. V F

c. Il coefficiente del monomio x^2 è 0. V F

d. La parte letterale del monomio 2 può essere x^0. V F

Sottolinea i monomi.

2 $\frac{1}{4}x^{-1};\quad -\frac{2}{3}ab^2;\quad x^2y^4;\quad \frac{5}{2};\quad 3a^2+2b^2;\quad \frac{1}{y}.$

3 $\frac{5}{2}ab^3;\quad \frac{3}{2}a-5b;\quad +7x^2y^3;\quad 6;\quad \frac{12}{3}x^{-1}y;\quad \frac{5}{3}k.$

4 **Indica** il coefficiente e la parte letterale di ciascun monomio.

$16a^2b^3;\quad 8;\quad -\frac{st}{3};\quad \frac{4}{5}ab^2;\quad -\frac{2}{3}xy^5.$

5 **Calcola** il grado di ogni monomio.

$3x^2yz^4;\quad -\frac{1}{2}a;\quad \frac{3}{4};\quad \frac{4}{5}xy;\quad abc;\quad -x^2c^2.$

6 **Completa** le seguenti espressioni affinché risultino vere.

a. $\frac{1}{2}a^{\square}b^3$ ha grado 7;

b. $\frac{4}{5}x^{\square}y^2$ ha grado 5.

7 **Fai un esempio** di un monomio di grado 3 e di un monomio di grado 5.

8 **Fai un esempio** di:

a. due monomi con lo stesso grado ma non simili;

b. due monomi con lo stesso coefficiente ma non simili;

c. due monomi opposti;

d. due monomi simili ma non opposti.

2 Addizione e moltiplicazione

Addizione e sottrazione

Addizione	**Sottrazione**
$5x^2y+3x^2y+x^2y=9x^2y$ $5+3+1=9$	$5ab-(-2ab)=5ab+2ab=7ab$ sommiamo l'opposto di $-2ab$

La **somma** di due o più **monomi simili** è un monomio che ha:
- per coefficiente la *somma dei coefficienti* degli addendi;
- la stessa parte letterale degli addendi.

Caso particolare: la *somma di due monomi opposti* è 0.

La **differenza** fra due monomi è la somma del primo monomio con l'*opposto* del secondo.

PROVA SUBITO Calcola:

$4x+x+6x$; $2a^3b+(-a^3b)$; $-8xy^2+5xy^2$; $2ab+(-2ab)$;
$6b-(+2b)$; $3x^3y-(+x^3y)$; $-a^2b-(-a^2b)$; $-4z^2-(-2z^2)$.

Moltiplicazione

$$4x^2y\cdot 3xy^3z^2=12x^3y^4z^2$$

($4\cdot 3$; $2+1$; $1+3$; $0+2$)

Il **prodotto** di due o più monomi è un monomio in cui:
- il coefficiente è il *prodotto dei coefficienti* dei fattori;
- nella parte letterale ogni lettera ha per esponente *la somma degli esponenti* con cui compare nei fattori.

PROVA SUBITO Calcola:

$2ab^2\cdot 5a^2bc$; $-3x^4y\cdot(-2x^3)$; $6a\cdot(-4b)$; $7a^2b^2c^3\cdot 2a^3b^2c^4$.

Esercizi

Addizione e sottrazione

9 **Sottolinea** le somme e le differenze tra monomi che si possono eseguire.

$\underline{3a+a}$; $2x-3$; $5ac^2-4ac^2$; $ab+a$; $\frac{1}{3}-2$; $4x-2y$.

10 Il monomio che si ottiene dalla differenza di due monomi simili ha come coefficiente la differenza dei coefficienti? La differenza di due monomi opposti è 0?

11 **Completa** in modo da rendere vere le seguenti uguaglianze.

a. $4a^2b^3+(3a^2b^3)=7a^2b^3$

b. $6xy^2+(\ldots)=-5xy^2$

c. $(\ldots)-3st^2=-8st^2$

d. $\frac{3}{2}xyz-(\ldots)=xyz$

12 **Vero o falso?** Il monomio che si ottiene dalla somma di due monomi simili:

a. ha come coefficiente la somma dei coefficienti. V F

b. ha l'esponente di ogni lettera uguale alla somma degli esponenti con i quali la lettera compare negli addendi. V F

c. ha la stessa parte letterale degli addendi. V F

13 **Trova l'errore.**

a. $3x+4x=7x^2$ b. $2a+3b=5ab$ c. $6xy^2-(-6xy^2)=0$ d. $2x^2-x=2x$

Calcola le seguenti somme.

14 $3abc^2+6abc^2=(3+6)abc^2=9abc^2$; a^2+2a^2; $9x^4+x^4$.

15 x^2y+x^2y; $12y^2+36y^2$; $\frac{1}{2}a+\frac{7}{2}a$; $\frac{7}{12}x^3+\frac{5}{12}x^3$.

16 $\frac{1}{3}xy+\frac{1}{5}xy$; $2b^2c+\frac{1}{4}b^2c$; $\frac{1}{7}a^2b^2+a^2b^2$; $3a^8+\frac{3}{4}a^8$.

Calcola le seguenti differenze.

17 $4y-y=(4-1)y=3y$; $3a^2-5a^2$; $5x-5x$.

18 $5xy^2-8xy^2$; a^5-7a^5; $11a^2b^2-9a^2b^2$; $xy-(-2xy)$.

19 $\frac{1}{2}x^2-\frac{2}{3}x^2=\left(\frac{1}{2}-\frac{2}{3}\right)x^2=\frac{3-4}{6}x^2=-\frac{1}{6}x^2$; $y^5-\frac{1}{6}y^5$; $\frac{2}{9}a^2b-\frac{1}{3}a^2b$.

20 $\frac{1}{5}ab-\frac{1}{10}ab$; $\frac{1}{4}b^3-b^3$; $\frac{5}{3}x^2y-(-3x^2y)$; $\frac{5}{2}z^3-\left(-\frac{2}{7}z^3\right)$.

Semplifica le seguenti espressioni.

I monomi opposti si possono eliminare.

21 $-3ab+5ab+8ab-7ab$; $2x-4x+5x+4x-3x$.

22 $c^2-3c^2+c^2+7c^2$; $3xy-6xy+8xy-11xy-xy$.

23 $-a^2b+7a^2b-2a^2b+a^2b-a^2b$; $\frac{1}{5}a-\frac{2}{5}a+\frac{7}{2}a+\frac{2}{5}a-\frac{3}{10}a$.

24 $bx-\frac{1}{3}bx+2bx-\frac{5}{3}bx+bx$; $5a-3a+4a-b-2b+5b$.

25 $x^2y-6x^2y+5x^2y-xy^2+3xy^2-4xy^2$; $-\frac{1}{3}x+y-2y+5x-3y+x$.

26 $-(-ab)+ab-(+ab)-3ab+(-ab)$; $-\frac{1}{2}x^2+\left(-\frac{1}{3}x^2\right)-\left(-\frac{1}{6}x^2\right)+\left(+\frac{2}{3}x^2\right)$.

27 $3xy-3x+4x-8xy+6xy+3x$ $[xy+4x]$

28 $\frac{1}{2}ab^2x-\frac{3}{4}ab+\frac{3}{2}ab^2x+\frac{3}{4}ab-\frac{2}{4}ab^2x+\frac{5}{2}ab^2x$ $[4ab^2x]$

29 $8z-(-3z)+5z-(-z)+(-7z)-2z-z$ $[7z]$

30 $-\frac{1}{12}x+\left(-\frac{1}{6}x\right)-(-y)+\frac{1}{3}y-\left(-\frac{1}{4}x\right)$ $\left[\frac{4}{3}y\right]$

31 **ESERCIZIO GUIDA**

$$-[-(3x-4y)+x]-\frac{1}{3}y-\left[2x-\left(-\frac{4}{3}y+x\right)\right]$$

Come si risolve

$$-[-(3x-4y)+x]-\frac{1}{3}y-\left[2x-\left(-\frac{4}{3}y+x\right)\right]=$$ eliminiamo le parentesi tonde

$$-[-3x+4y+x]-\frac{1}{3}y-\left[2x+\frac{4}{3}y-x\right]=$$ sommiamo i termini simili all'interno delle parentesi

$-3x+x=-2x$ $\qquad$ $2x-x=x$

$$-[-2x+4y]-\frac{1}{3}y-\left[x+\frac{4}{3}y\right]=$$ eliminiamo le parentesi quadre

$$+2x-4y-\frac{1}{3}y-x-\frac{4}{3}y=$$ sommiamo i termini simili

$$x-\frac{17}{3}y$$

Il segno meno davanti alle parentesi cambia il segno di **tutti** gli addendi all'interno delle parentesi stesse.

32 ●○ $-(2x^2+x^2)+4x-(3x-4x)$

33 ●○ $3a-(-2x)+a-(4a-2x)$

34 ●● $-3ab^2-\left(-\frac{2}{5}a^2b+\frac{1}{2}a^2b\right)+a^2b+\left(-\frac{2}{3}ab^2-\frac{3}{2}ab^2\right)$ $\left[\frac{9}{10}a^2b-\frac{31}{6}ab^2\right]$

35 ●● $\frac{1}{3}xy-\left(-\frac{2}{5}x^2+xy\right)+\left(-2x^2+\frac{4}{3}xy\right)$ $\left[\frac{2}{3}xy-\frac{8}{5}x^2\right]$

36 ●● $6a-[b-(5b-7b)]+[-a-2a+(3a-7a)]+2b$ $[-a-1b]$

37 ●○ **Calcola** la misura del perimetro della figura. $[12a+14b]$

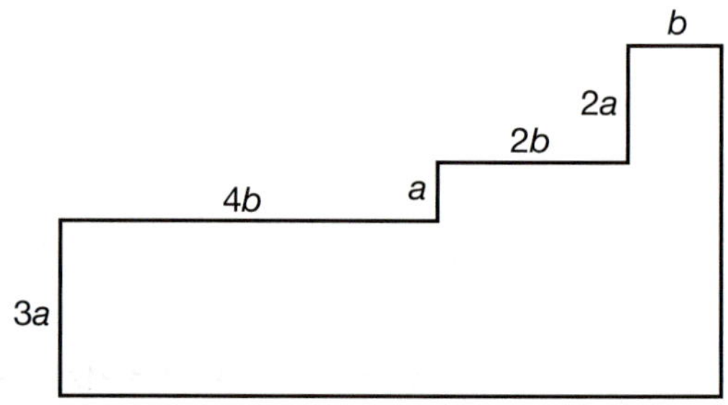

Moltiplicazione

38 ●○ **Completa** in modo da rendere vere le seguenti uguaglianze.

a. $(2a^2b)(\_\_\_\_)=-10a^3b^2$

b. $(\_\_\_\_)(-3xyz)=12x^3y^2z^4$

c. $\left(-\frac{1}{3}xy\right)(\_\_\_\_)=-\frac{3}{2}x^3y^4$

d. $(\_\_\_\_)\left(-\frac{3}{2}a^3b^2\right)=\frac{2}{3}a^5b^4$

Calcola i seguenti prodotti tra monomi.

39 ●○ $6a^2b^3\cdot 2ab^5=(6\cdot 2)\,a^{2+1}b^{3+5}=12\,a^3b^8$

40 ●○ $(-2a)\cdot(-4a^2)$; $\quad(3x^2)(-2xy)$.

41 ●○ $(+4a^2)(+6a^4)$; $\quad(-3ax)(8a^2x)$.

Regola dei segni

$+\cdot+=+$ $\qquad$ $-\cdot+=-$

$+\cdot-=-$ $\qquad$ $-\cdot-=+$

42 $-5xy \cdot 4xy$; $-4x^3z \cdot (-x^3)$; $-3 \cdot (+x)$; $4a^2b \cdot (-5a^2)$; $-3b^8 \cdot 2b$.

43 $\frac{1}{5}a^4b \cdot \frac{5}{3}bc^2 = \frac{1}{\cancel{5}} \cdot \frac{\cancel{5}}{3} a^{4+0}b^{1+1}c^{0+2} = \frac{1}{3}a^4b^2c^2$; $\frac{7}{10}x^3y \cdot \frac{5}{14}x^6$.

44 $-\frac{3}{7}c^2 \cdot \left(-\frac{21}{2}x^4\right)$; $-\frac{1}{2}xy^2 \cdot 6x$; $a^2x \cdot \left(-\frac{1}{3}ax^2\right)$; $-\frac{1}{6}x^2y^3 \cdot (6x^3y^2)$.

45 $3a \cdot 2a \cdot 5b$; $-\frac{2}{3}ax \cdot x^2 \cdot \frac{5}{2}a^3$; $\frac{8}{3}b^2c^3 \cdot (-6b) \cdot \left(-\frac{1}{4}bc\right)$; $-\frac{18}{5}axy^6 \cdot x^2y^4 \cdot \frac{2}{9}a^2x^3y$.

Semplifica le seguenti espressioni.

Calcola prima somme e differenze all'interno delle parentesi.

46 $(5a-a) \cdot (a^3+2a^3)$

47 $2x \cdot (xy+2xy-4xy) \cdot (a^2+2a^2)$

48 $(-7ab+3ab) \cdot (b^2c-4b^2c-3b^2c)$; $(3a-a-a) \cdot 4y \cdot (-x-3x)$.

49 $9 \cdot \left(x+\frac{2}{3}x-2x\right) \cdot \left(a-\frac{1}{2}a-\frac{1}{2}a\right)$; $\left(-\frac{1}{4}a-\frac{1}{4}a\right) \cdot \left(+ab+\frac{1}{3}ab\right) \cdot \left(\frac{5}{4}b+\frac{1}{4}b\right)$.

50 $x^2+(-x) \cdot x-3x \cdot (-x)$; $(-3b) \cdot (-2ab)+ab^2+(-3) \cdot (2ab^2)$.

51 $\left(\frac{1}{2}a\right) \cdot (2b)+(-a) \cdot (-b)-3 \cdot (-a) \cdot (+b)$; $-\frac{2}{3}x^2 \cdot \left(+\frac{3}{4}y\right)+\frac{3}{2}x^2y-\left(-\frac{2}{5}xy\right) \cdot \left(-\frac{5}{2}x\right)$.

52 **ESERCIZIO GUIDA**

Calcoliamo perimetro e area del triangolo rettangolo che ha le misure dei lati indicate in figura.

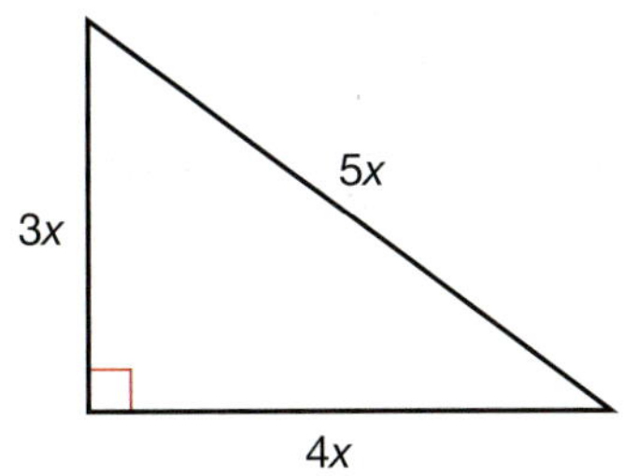

Come si risolve

Perimetro: $2p = 3x+4x+5x = 12x$.

Area: $A = \frac{3x \cdot 4x}{2} = \frac{12x^2}{2} = 6x^2$.

Calcola perimetro e area delle seguenti figure.

53

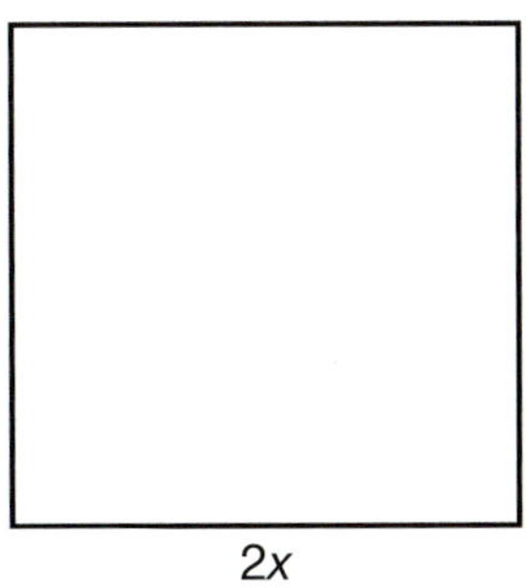

54

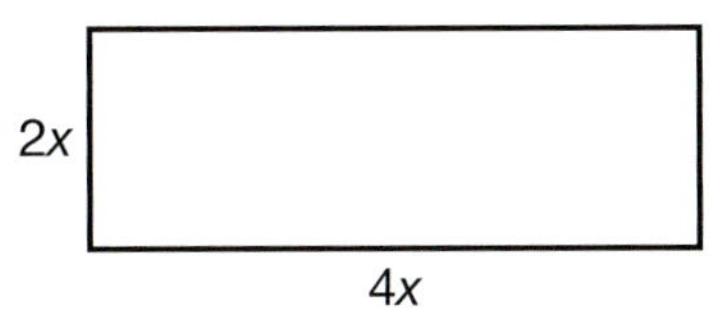

55

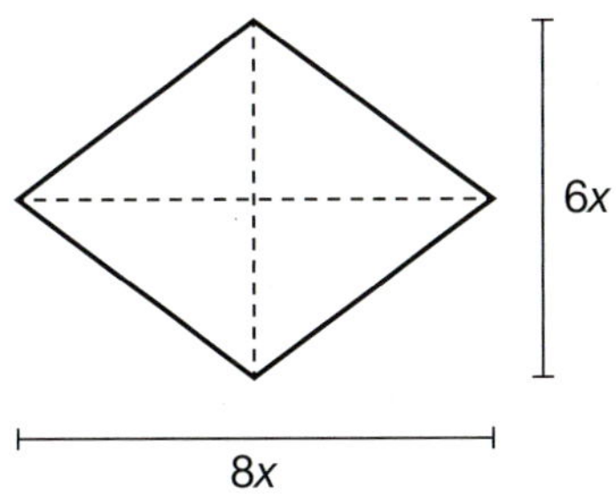

56

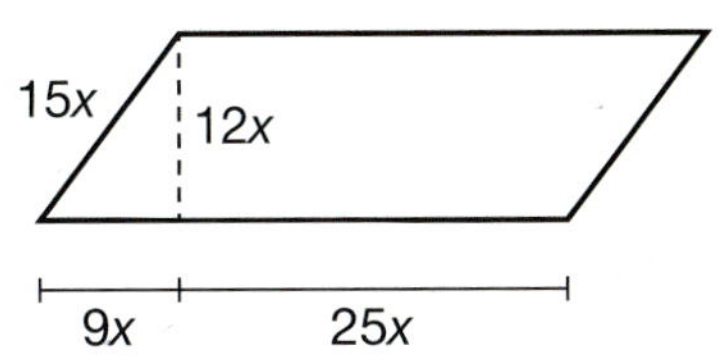

3 Divisione e potenza

Divisione

perché $2 < 5$

$$6a^2b^3 : (2a^5b) \text{ non si può calcolare.}$$

$5 - 2 = 3$

$$4a^5b^4c^2 : (-3a^2b^3c^2) = -\frac{4}{3}a^3b^1c^0 = -\frac{4}{3}a^3b$$

$4 : (-3) = -\frac{4}{3}$

Consideriamo due monomi A e B, con A **divisibile** per B, cioè tali che:

- $B \neq 0$;
- ogni lettera che c'è in B è anche in A, con esponente maggiore o uguale.

Il **quoziente** $A : B$ è un monomio in cui:

- il coefficiente è il *quoziente dei coefficienti*;
- nella parte letterale ogni lettera ha per esponente *la differenza tra gli esponenti* con cui compare in A e B.

Caso particolare: se una lettera ha lo stesso esponente sia nel dividendo sia nel divisore, per quella lettera il quoziente è 1.
Per esempio: $a^4 : a^4 = a^0 = 1$.

PROVA SUBITO Calcola:
$(9a^4b^2) : (3a^2b)$; $(-24x^4y^3z^5) : (4x^2y^3z^4)$; $(3a^2) : (-3a)$; $(7b^2c^3) : (3c^3)$.

Potenza

$2 \cdot 4 = 8$
$1 \cdot 4 = 4$
$3 \cdot 4 = 12$

$$(-2x^2yz^3)^4 = 16x^8y^4z^{12}$$

$(-2)^4 = 16$

Per calcolare la **potenza con esponente *n*** di un monomio:

- eleviamo a esponente n il suo coefficiente;
- moltiplichiamo per n ognuno degli esponenti delle sue lettere.

PROVA SUBITO Calcola:
$(3a^2b)^3$; $(-x^2y^3z)^5$; $\left(-\frac{4}{3}x\right)^2$; $(2a^3b^4c^2)^4$.

Esercizi

Divisione

57 **Sottolinea** le divisioni tra monomi che si possono eseguire.

$12a^2b^3c:(3ab)$; $4x^3:(2x^2y)$; $7x:(-7)$; $ab:(-a^2b^3)$; $-5xy:(3xy)$; $-7:(7x)$.

58 **Vero o falso?**

a. $2a^4b$ è divisibile per $6a^2$. V F

b. $-ab$ è il quoziente di $(3a^2b^2):(3ab)$. V F

c. $-3x^2y$ è il quoziente di $12x^3y:(-4x)$. V F

d. Il quoziente di due monomi simili è sempre un numero diverso da zero. V F

59 **Associa** a ogni divisione il proprio risultato.

a. $x^2y^3:(xy^3)$ b. $10x^2:(-10x)$ c. $9x^2y^4z:(3x^2z)$ d. $y^5z^2:(yz)$

1. $3y^4$ 2. y^4z 3. x 4. $-x$

60 **Completa** in modo che le seguenti espressioni risultino vere.

a. $10a^2x^2y:(\underline{\ 5ax\ })=2axy$

b. $(\underline{\qquad}):(9a^2b)=-\frac{1}{3}ac^2$

c. $(-7x^3y^2z^4):(\underline{\qquad})=\frac{1}{4}xyz^2$

d. $\left(-\frac{1}{2}x^8y^{10}\right):(\underline{\qquad})=\frac{2}{3}x^2y^4$

Calcola i seguenti quozienti di monomi.

61 $8a^5b^2c^3:(2ab^2)$ $=(8:2)a^{5-1}b^{2-2}c^{3-0}=4a^4b^0c^3=4a^4c^3$

62 $4a^2b:(-2ab)$; $21a^2x^3:(-3a^2x^2)$; $-3ab^2:(ab)$; $12x^3y^4z^5:(-3x^3y^3z^3)$.

63 $5x^3z:(2x^2)$ $=(5:2)x^{3-2}z^{1-0}=\frac{5}{2}x^1z^1=\frac{5}{2}xz$

64 $-a^2c^3d^4:(4acd^4)$; $13xz^4:(-2z^4)$; $25a^2b^3c:(2ab)$; $-16xy^4:(-10xy^2)$.

65 $\frac{6}{5}a^4b^2c^6:\left(\frac{18}{25}ac^5\right)$ $=\left(\frac{6}{5}:\frac{18}{25}\right)a^{4-1}b^{2-0}c^{6-5}=\left(\frac{6}{5}\cdot\frac{25}{18}\right)a^3b^2c^1=\frac{5}{3}a^3b^2c$

66 $\left(-\frac{1}{3}a^4b^5\right):\left(-\frac{4}{3}a^2b^3\right)$; $\left(\frac{2}{5}xyz^3\right):\left(-\frac{4}{25}xy\right)$; $\left(\frac{2}{3}a^8\right):\left(\frac{4}{9}a^2\right)$.

67 $-3x^3y:\left(\frac{6}{7}xy\right)$; $\frac{4}{9}ab^2:(-2ab^2)$; $-\frac{7}{8}a^6b^7c^{12}:\left(-\frac{49}{16}a^3bc^9\right)$.

Semplifica le seguenti espressioni.

> Calcola prima somme e differenze all'interno delle parentesi.

68 $(4x^2+5x^2):(3x)$; $(3a^2bx^2-7a^2bx^2):(-2x^2)$.

69 $\left(\frac{1}{2}a^3bc^7-\frac{3}{4}a^3bc^7\right):\left(-\frac{2}{3}bc^4\right)$; $\left(-\frac{2}{3}x^2+\frac{1}{2}x^2\right):\left(\frac{1}{3}x+x\right)$.

70 $(5a^6b^4-8a^6b^4):(-3a^4b^3)+(-5a^3b+7a^3b):(-2a)$ $[0]$

71 $\left(\frac{1}{2}a^4b^2\right):\left(-\frac{4}{3}a^2b^2\right)-\left(-\frac{3}{2}a^4+\frac{6}{4}a^4-\frac{1}{8}a^4\right):\left(\frac{1}{3}a^2\right)-\frac{3}{8}a\cdot\left(-\frac{8}{9}a\right)$ $\left[\frac{1}{3}a^2\right]$

Potenza

72 **Vero o falso?**

a. $(b^2)^3 = b^5$ V F

b. $(-2a)^2 = -4a^2$ V F

c. $(-2a^3)^2 = 4a^9$ V F

d. $(-2a^2b)^3 = -8a^6b^3$ V F

Calcola le seguenti potenze di monomi.

73 $(3a^2b^3c)^2 = 3^2a^{2\cdot 2}b^{3\cdot 2}c^{1\cdot 2} = 9a^4b^6c^2$; $\quad (-2x^3)^3$; $\quad (-5xy^3z^6)^2$; $\quad (2a^2)^2$.

74 $(-x)^2$; $\quad (3b)^3$; $\quad (-2a^2)^2$; $\quad (-3x^3)^2$; $\quad (-3x^2y^3)^2$; $\quad (-2a^3y^2)^3$.

75 $\left(-\frac{2}{3}ab^3\right)^4 = \left(-\frac{2}{3}\right)^4 a^{1\cdot 4}b^{3\cdot 4} = \frac{2^4}{3^4}a^4b^{12} = \frac{16}{81}a^4b^{12}$; $\quad \left(\frac{1}{7}x^2y^3z^5\right)^2$; $\quad \left(-\frac{3}{4}xy^2\right)^3$.

76 $\left(-\frac{1}{2}a\right)^2$; $\quad \left(-\frac{5}{3}a^2\right)^2$; $\quad \left(-\frac{3}{2}x^2\right)^3$; $\quad \left(-\frac{1}{3}a^2b\right)^2$; $\quad \left(\frac{2}{3}a^3b^2\right)^3$; $\quad \left(-\frac{1}{3}a^4b^5\right)^2$.

77 $[(-4x^4y^3)^2]^0$; $\quad [-(-a^4b)^3]^4$; $\quad 2\cdot[2\cdot(-x^2)^2]^3$.

78 $\left[\left(-\frac{1}{2}a^2c^3\right)^3\right]^2$; $\quad \left[-\frac{1}{2}(a^2c^4)^2\right]^3$; $\quad -\left[-\frac{1}{2}(-2x)^4\right]^2$.

79 **ESERCIZIO GUIDA**

Semplifichiamo: $2\cdot(2x-3x)^2\cdot(-2y)^3+3x^2y^5z^2:(-yz)^2+(2xy)^2\cdot(2y+y)$.

Come si risolve

$2\cdot(2x-3x)^2\cdot(-2y)^3+3x^2y^5z^2:(-yz)^2+(2xy)^2\cdot(2y+y)=$ — svolgiamo somme e sottrazioni all'interno delle parentesi tonde

$2\cdot(-x)^2\cdot(-2y)^3+3x^2y^5z^2:(-yz)^2+(2xy)^2\cdot 3y=$ — calcoliamo le potenze

$2\cdot x^2\cdot(-8y^3)+3x^2y^5z^2:(y^2z^2)+4x^2y^2\cdot 3y=$ — calcoliamo i prodotti e le divisioni tra monomi

$-16x^2y^3+3x^2y^3+12x^2y^3=$ — sommiamo i termini simili

$-x^2y^3$

Semplifica le seguenti espressioni.

80 $3a^6:(-a^2)^2$; $\quad (-2a^4)^3:(-a^2)^3$; $\quad (-2x^2)^2\cdot(-3x^3)^2$.

81 $\left(-\frac{1}{3}a\right)^2\cdot\left(-\frac{3}{2}a^2\right)$; $\quad \left(\frac{1}{2}a^3\right)^3:\left(\frac{3}{4}a\right)^2$; $\quad \left(\frac{3}{4}x^2y^2z^4\right)^2:\left(-\frac{3}{2}xyz\right)^4$.

82 $(4a^2-6a^2)^2:(2a)-(a^2)^3:a^3$; $\quad 6xy\cdot[x^5y^5:(x^4y^4)]^3-(7xy-4xy-xy)^3\cdot 2xy$.

83 $2x^2y:(3x-5x)^2-[2x^2y^3:(x^2y)]^3-(-2y)^2\cdot(-y)^3\cdot 2y$ $\quad \left[\frac{1}{2}y\right]$

84 $(-3a)^2\cdot(-2a^2)^3-(-4a+5a-7a)^2\cdot(-a^2)^3$ $\quad [-36a^8]$

85 $(-4a^2b^2)^2:(-2ab)-(-3ab)^2\cdot(-15ab+4ab+8ab)$ $\quad [19a^3b^3]$

86 $\left(-\frac{1}{3}a^2\right)^3:\left(\frac{1}{3}a\right)^2-\left(-\frac{1}{2}a^2-\frac{5}{4}a^2+\frac{7}{4}a^2\right)^2$ $\quad \left[-\frac{1}{3}a^4\right]$

4 MCD e mcm di monomi

Massimo comune divisore di monomi (MCD)

MCD (2; 18; 4)

$$\text{MCD}(2a^3b^2;\ 18a^2;\ 4a^2b) = 2a^2$$

lettere comuni, con minimo esponente

Il **massimo comune divisore** (**MCD**) di due o più monomi è un monomio con il grado massimo possibile che è divisore di tutti i monomi.

Nel **calcolo del massimo comune divisore** di monomi prendiamo:

- come coefficiente
  - 1 se qualche monomio non ha coefficiente intero;
  - il MCD dei valori assoluti dei coefficienti se i coefficienti sono tutti interi;
- come parte letterale il prodotto delle *lettere comuni* a tutti i monomi, ciascuna presa con il *minimo esponente*.

PROVA SUBITO Calcola il MCD. Verifica che il MCD è divisore di ognuno dei monomi.

$\text{MCD}(7x^4yz^3;\ -49x^3yz^5)$; $\quad \text{MCD}\left(\frac{1}{3}a^2c^6;\ 3a^2b^4;\ 5ab^4c^3\right)$.

Minimo comune multiplo di monomi (mcm)

mcm (3; 5)

$$\text{mcm}(3a^2b;\ -5ab^3c) = 15a^2b^3c$$

tutte le lettere, con massimo esponente

Il **minimo comune multiplo** (**mcm**) di due o più monomi è un monomio con il grado minimo possibile che è divisibile per tutti i monomi.

Nel calcolo del **minimo comune multiplo** di monomi prendiamo:

- come coefficiente
  - 1 se qualche monomio non ha coefficiente intero;
  - il mcm dei valori assoluti dei coefficienti se sono tutti interi;
- come parte letterale il prodotto di *tutte le lettere* che compaiono nei monomi, ciascuna presa con il *massimo esponente*.

PROVA SUBITO Calcola il mcm. Verifica che ogni monomio è divisore del mcm.

$\text{mcm}(3ab^3c^6;\ -6b^2;\ 12ab^4c^5)$; $\quad \text{mcm}\left(9x^2y;\ \frac{3}{5}z^2\right)$.

Esercizi

87 **Test.** Qual è il MCD dei monomi $4a^2x$ e $2ax^2$?

A 1 B $8a^3x^3$ C $4a^2x^2$ D $2ax$

88 **Test.** Qual è il mcm dei monomi $6a^2x$ e $2ax^2$?

A $2ax^2$ B 1 C $12a^3x^3$ D $6a^2x^2$

Completa con un monomio che rende vere le seguenti uguaglianze.

89 $\text{MCD}(4a^4x^2; \square) = 2a^2x$; $\text{mcm}(\square; 4x^3y^6) = 8x^3y^6$.

90 $\text{MCD}\left(\frac{1}{2}ax^2; \square\right) = ax$; $\text{mcm}(12xyz; \square) = 24x^3y^2z^4$.

91 **Vero o falso?**

a. $\text{MCD}(-4x^2y; 2x) = -2x$ V F

b. $\text{MCD}(6xy; 3y) = 3y$ V F

c. $\text{MCD}(12a^3b^4; -6ab^2) = 3ab^2$ V F

d. $\text{MCD}\left(\frac{1}{4}xz^3; -\frac{1}{2}x^2z^2\right) = \frac{1}{2}xz^2$ V F

e. $\text{MCD}(7x^2y^3z; 14xyz) = 7x^3y^3z$ V F

Il segno del MCD e del mcm è sempre positivo.

Se c'è almeno un monomio a coefficiente frazionario, il coefficiente del MCD e del mcm è 1.

92 **Associa** a ogni MCD e mcm il proprio risultato.

a. $\text{MCD}(3x; 6x^2)$ b. $\text{MCD}\left(\frac{1}{3}x; -\frac{1}{6}x^2\right)$ c. $\text{mcm}(3x; 6x^2)$ d. $\text{mcm}\left(\frac{1}{3}x; -\frac{1}{6}x^2\right)$

1. x^2 2. $3x$ 3. x 4. $6x^2$

93 **Trova l'errore.**

a. $\text{mcm}(3x; -2y) = -6xy$

b. $\text{mcm}(ab; 2ab^2) = ab^2$

c. $\text{mcm}(12ax^2; -6a^2x) = 24a^2x^2$

d. $\text{mcm}(2a; 3a^2) = 6a$

Calcola MCD e mcm dei seguenti monomi.

Per calcolare MCD e mcm dei numeri, scomponili prima in fattori, poi per il MCD prendi i fattori comuni con esponente minimo, per il mcm tutti i fattori con esponente massimo.

94 $a^3; a^2; a^7$.

95 $3a^2b; 4a; 6a^3b^2$.

96 $8x^3y^2; -12xy^2; 16x^4y$.

97 $12xy^2z^4; 8xy^3; -4x^3y^2z^4$.

98 $a; a^2; a^4$.

99 $a^2b; ab^2; a^2b^2$.

100 $-3xy; 6x^2yz^2$.

101 $7a^2b; -14ac^2; 21b^2c$.

102 $5; -10a^2b; 15b^2c$.

103 $-\frac{1}{2}xz; 2x^2z; 4xz$.

104 $\frac{3}{4}a; \frac{3}{20}b; \frac{1}{5}c$.

ESERCIZI DI RIEPILOGO MONOMI

1 **Vero o falso?**

a. Il monomio $3y^2$ ha grado 2. V F

b. Il monomio $-6a^3b$ ha grado 0 rispetto alla lettera b. V F

c. Il grado del monomio $\frac{3}{4}x^2yz^3$ è 6. V F

d. I monomi $7x^3y$ e $\frac{5}{2}ab$ hanno lo stesso grado. V F

e. Il monomio 5 ha grado 0. V F

2 **Ordina** i monomi da quello di grado minore e quello di grado maggiore.

abc^3; $-\frac{1}{10}x$; xz^3; $\frac{1}{2}$; $2ab^2c^3$; $-5ay$.

3 **Completa** con gli esponenti affinché il grado del monomio sia quello indicato.

a. $3a^2b^{\square}$ grado 4

b. $-\frac{1}{9}x^2y^3z^{\square}$ grado 6

c. $\frac{1}{2}x^{\square}$ grado 0

d. $-4a^{\square}$ grado 1

e. $11x^{\square}yz$ grado 6

f. $a^2b^{\square}x^3y$ grado 9

4 **Indica** le coppie di monomi simili.

abc^2; $\frac{2}{3}$; $-4x^4z$; $-\frac{3}{4}abc$; $-\frac{1}{7}x^4z$; $-\frac{3}{4}abc^2$; abc; -1.

5 **Scrivi** i monomi opposti dei seguenti monomi.

$\frac{2}{3}axy$; $-\frac{1}{5}xy^2z$; $\frac{3}{4}st$; $-\frac{2}{5}cde$; $2b$.

Semplifica le seguenti espressioni.

6 $\frac{1}{6}a^2x-\frac{3}{2}xy+\frac{5}{6}a^2x-\frac{5}{6}ax^2+\frac{6}{4}xy+\frac{2}{3}ax^2$ $\left[a^2x-\frac{1}{6}ax^2\right]$

7 $yz^2-\frac{3}{4}yz^2-\left(-\frac{3}{4}yz^2\right)+\left(-\frac{2}{3}yz^2\right)-(-yz^2)$ $\left[\frac{4}{3}yz^2\right]$

8 $5ab-(-a)-7ab+8a+(-ab)-(+a)$ $[8a-3ab]$

9 $-\left(2xy-\frac{1}{2}xy\right)-\left[-\left(a^2-\frac{2}{3}xy\right)-(-a^2)\right]+\left[-\left(-\frac{13}{6}xy\right)\right]$ $[0]$

10 $(2x-3x-x)\cdot(-x)-3x\cdot(-x)+4\cdot(-x)\cdot(+x)$ $[x^2]$

11 $[(3a)\cdot(-b)+2ab]\cdot(-2ab)-\frac{1}{2}\cdot\left(-\frac{4}{3}a^2b^2\right)+a\cdot\left[ab^2+\left(-\frac{1}{2}a\right)\cdot\left(-\frac{2}{3}b^2\right)\right]$ $[4a^2b^2]$

12 $-2a^2b^2\cdot(-3a^2b^3)-5a^4b^5-(-4a^8b^6):(-2a^4b)$ $[-a^4b^5]$

13 $x^3y:(-xy)+9x^2y:(3y)$ $[2x^2]$

14 $25a^2b:(5a)-2ab^2:(-b)-7ab$ $[0]$

15 $-\left(-\frac{1}{2}a^2b^3\right)^2$; $-\left(-\frac{1}{3}xy^2\right)^3$; $-\left(\frac{1}{4}a^2x^3\right)^2$.

16 $a\cdot(-a)\cdot(-a)^2+(a^2)^4:a^4-(2a+3a)\cdot(a-2a)^2\cdot a$ $[-5a^4]$

CAPITOLO 6

POLINOMI

1 Definizioni

Polinomi

$$3x^2 + x - \frac{2}{5}y + 2$$

→ termini del polinomio: $3x^2$, x, $-\frac{2}{5}y$, 2

→ termine noto: 2

$a^2+2ab+b^2-a^2b$	quadrinomio: 4 termini non simili	$3ab^2$	monomio
$x-\frac{2}{3}x^3+y$	trinomio: 3 termini non simili	$\frac{2}{7}$, 0	numeri
$8ab-5b^2$	binomio: 2 termini non simili	0 ↓	polinomio nullo

Un **polinomio** è una somma algebrica di monomi, detti **termini** del polinomio.
Il termine costituito soltanto da un numero è il termine noto.

PROVA SUBITO Quali tra le seguenti espressioni sono polinomi?

a^2b+2; $\quad x+3$; $\quad 3$; $\quad \frac{2}{x}$; $\quad 3a^{-1}$; $\quad x^2+x+5$; $\quad \frac{a+2b}{a}$;

$3a^2-2b^2+5ab-6a^2b^2$; $\quad -11x^2$.

Indica quali sono binomi, trinomi, quadrinomi.

Polinomi in forma normale

monomi simili: $2x$, $3x$

$$2x+6x^3y+3x-4 = \mathbf{5x+6x^3-4}$$

$$8x^2yx+9x+1 = \mathbf{8x^3+9x+1}$$

→ ridotti a forma normale

monomio *non* in forma normale: $8x^2yx$

Un polinomio è **ridotto in forma normale** se i suoi termini sono monomi in forma normale e non ci sono monomi simili.

PROVA SUBITO Riduci a forma normale i seguenti polinomi.

$x+2+3x=$ [4x + 2] $\qquad 3a^2+5b+3ab+6b=$ [3A² + 11B + 3AB]

$2a^2+3b+5a^2=$ [7A² + 3B] $\qquad 2+5y+3xy+5=$ [7 + 5y + 3xy]

Grado di un polinomio

$$6x^5y - 5x^3 + 2x^2y^6$$

grado rispetto a x ← (esponente 5 di x)
→ grado rispetto a y (esponente 6 di y)
monomio di grado 6 ← $6x^5y$
monomio di grado 3 ← $-5x^3$
$2x^2y^6$ → monomio di grado 8 → grado del polinomio

Dato un polinomio ridotto in forma normale chiamiamo:

- **grado rispetto a una lettera** il massimo esponente di tale lettera nel polinomio;
- **grado del polinomio** il maggiore tra i gradi dei suoi termini.

PROVA SUBITO Calcola il grado complessivo e il grado rispetto alla lettera x di:
x^2+xy+3 $\quad x^2+1;$ $\quad x+a+1;$ $\quad x^3y+x^4y+3a;$ $\quad 2a;$ $\quad 5.$

Esercizi

1 Quali tra le seguenti espressioni sono polinomi?
a. $2x+y^2;$ $\frac{3}{x};$ $\frac{2}{5}a^3bc^2;$ $7;$ $\frac{xy}{2}.$ **b.** $6a^{-2}b;$ $-2;$ $a-2b^2+\frac{3}{4};$ $t;$ $\frac{24+x}{3}.$

2 **Vero o falso?**
a. $16a^2-5b+2$ è un binomio. V F
b. $2x+3$ è un termine del polinomio x^2+2x+3. V F
c. $20xy^2+8z$ *non* ha il termine noto. V F

Riduci in forma normale i seguenti polinomi.

3 $2ab^2-5a-b^2a = (2ab^2-ab^2)-5a = ab^2-5a$

4 $2xy+5-xy+2+5xy;$ $\quad a^2b+8bc-3a^3+2bc;$ $\quad 2ab-b^2a^2+ba+4a^2b+6.$

5 $-5ab^3+3a^2+ab^3-2b+4ab^3;$ $\quad \frac{2}{5}x^4+2x^3-\frac{3}{5}x^3;$ $\quad y^2-2y+\frac{1}{4}y^2+1.$

6 **ESERCIZIO GUIDA**
Qual è il grado di $8a^2+2a^5b-5ab^2a^2+3-a^5b+a^3b^2$? E i gradi rispetto ad a e a b?

Come si risolve

Riduciamo il polinomio in forma normale
$8a^2+2a^5b-5a^3b^2+3-a^5b+a^3b^2=8a^2+a^5b-4a^3b^2+3$

Determiniamo il grado del polinomio

$$8a^2+a^5b-4a^3b^2+3.$$

grado $5+1=6$ ← a^5b
grado 0 (termine noto) ← 3
grado 2 ← $8a^2$
grado $3+2=5$ ← $-4a^3b^2$

Il *grado del polinomio* è il maggiore tra i gradi dei suoi termini, quindi 6.
Il *grado rispetto ad a* è l'esponente maggiore con cui a compare nel polinomio, quindi 5. Analogamente il grado rispetto a b è 2.

Quali sono il grado complessivo e il grado rispetto a ogni lettera dei seguenti polinomi?

> $3a^5+4ab-a^5+2a^5=4ab$ ha grado 2, **non** 5.

7 $6ab^2+3a^4b-5aba^3+ab^2-3$

8 $-x+3x^2y^3-5y+2y^2x^2y+8x$

9 $7a^5+2ac^3-aa^4+3bc+8a^5$

10 **Completa** le tabelle.

Polinomio	Grado del polinomio	Grado rispetto a x
y^3x+3	4	1
x^3+2x^2-xy+1	3	3

Polinomio	Grado del polinomio	Grado rispetto a x
$3x-4x^2y^3+y^2$	5	2
$2x^2-3x^5y$	6	5

11 **Fai un esempio** di un trinomio di quarto grado rispetto alla lettera x.

Polinomi come funzioni

Per ogni polinomio calcola i valori richiesti. Indica gli eventuali zeri trovati.

> **Per esempio**
> $P(x)=x^2-4$
> $P(-2)=(-2)^2-4=+4-4=0$
> -2 è zero del polinomio.

12 $P(x)=2x^2-8;$ $P(2)$, $P(-1)$, $P(0)$.

13 $A(x)=3x^4-2x^3-5;$ $A(1)$, $A(-1)$, $A(0)$.

14 $B(y)=y^2+y-\frac{25}{4};$ $B(1)$, $B\left(\frac{5}{4}\right)$, $B(2)$.

15 Se $P(x)=2x^3-x^2-5$ e $Q(x)=x^2+3$, è vero che $P(2)=Q(2)$?

Per ogni polinomio calcola i valori richiesti.

16 $P(x;\,y)=3x-2x^2+y^3;$ $P(3;\,1)$, $P(4;\,-2)$.

17 $P(a;\,b)=a-2ab+\frac{1}{2}b^2;$ $P(0;\,6)$, $P(-4;\,2)$.

18 **ESERCIZIO GUIDA**

Calcoliamo il perimetro del triangolo per $a=2$ e l'area di tutta la figura a destra per $x=3$ e $y=2$.

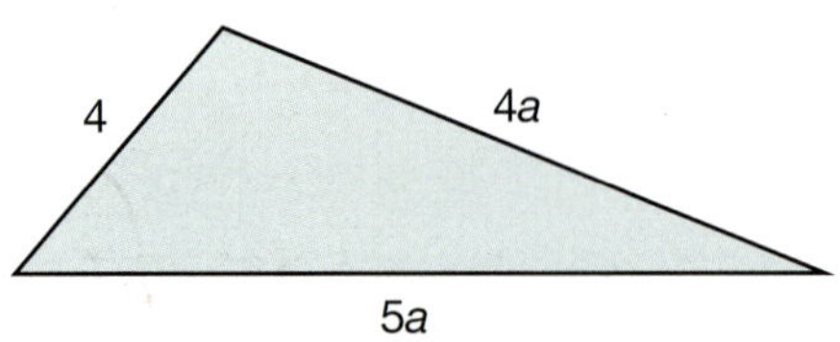

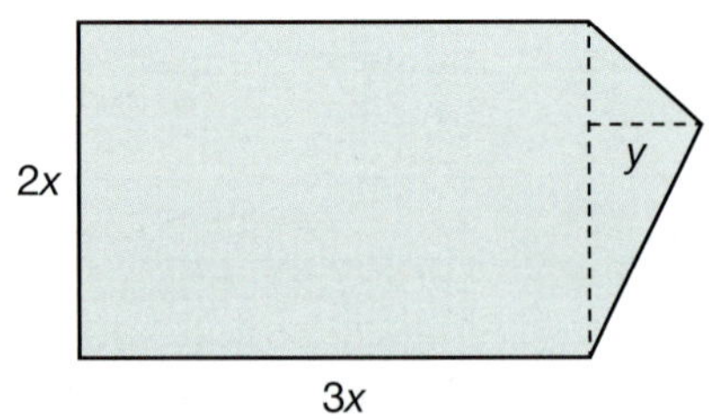

Come si risolve

Calcoliamo il perimetro del triangolo:

$P(a) = 5a + 4a + 4 \rightarrow P(a) = 9a + 4.$ ⟶ funzione di a

riduciamo il polinomio a forma normale

Calcoliamo $P(2)$, ovvero il valore che il polinomio assume per $a = 2$:

$P(2) = 9 \cdot 2 + 4 = 22.$ ⟶ perimetro per $a = 2$

Scriviamo ora il polinomio che esprime l'area della seconda figura:

$A(x; y) = 3x \cdot 2x + \frac{2x \cdot y}{2} \rightarrow A(x; y) = 6x^2 + xy.$ ⟶ funzione di x e y

Sostituiamo **3** a x e **2** a y:

$A(3; 2) = 6 \cdot 3^2 + 3 \cdot 2 = 60.$ ⟶ area per $x = 3$ e $y = 2$

19 **Esprimi** il perimetro della figura in funzione di x e trova il suo valore per $x = 3$.

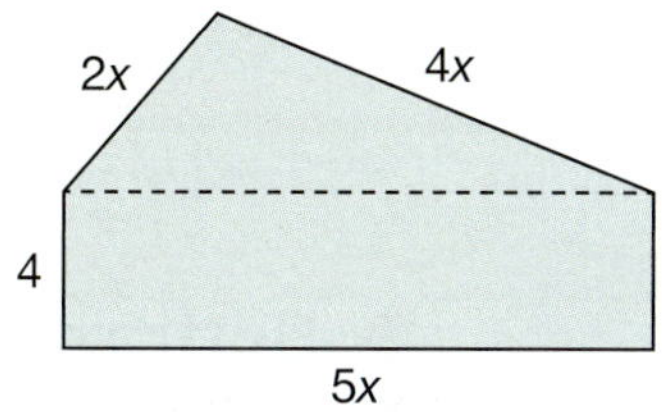

20 **Marco va a ballare** Per una serata in stile anni Novanta in discoteca sono previsti un prezzo di ingresso di € 10 ed € 5 per ogni consumazione. Indicato con x il numero di consumazioni fatte da Marco, quale polinomio esprime la spesa di Marco per la serata? Se Marco ha bevuto un analcolico alla frutta e un'acqua tonica, quanto ha speso?

Per ogni polinomio calcola i valori richiesti.

21 $P(a; b) = 4a - 3b$; $\quad P(1; 0), P(3; 4).$

22 $P(x; y) = 2x^3 - 3y - 4xy$; $\quad P(-1; 3), P(1; 2).$

23 **Esprimi** il perimetro e l'area della figura in funzione di a e b e trova i valori che assumono per $a = 3$ e $b = 1$.

$\left[\frac{34}{3}a + 6b;\ 16ab;\ 40;\ 48\right]$

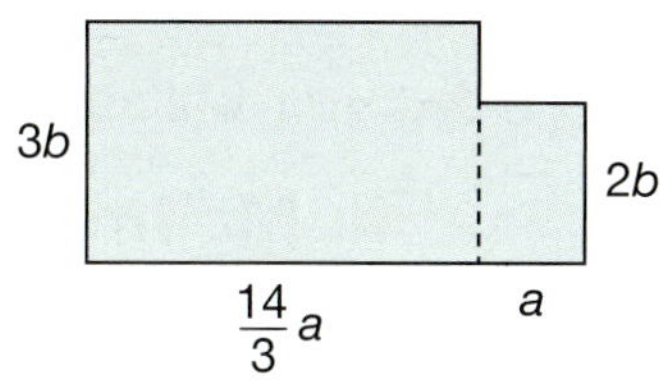

24 **Test.** Un tassista applica come scatto alla partenza € 3,20. Inoltre, il prezzo al km per i km percorsi in area urbana è di € 1,10 e in area extraurbana è di € 1,50. Se con x indichiamo i km percorsi in area urbana e con y quelli in zona extraurbana, quale fra i seguenti polinomi esprime il costo di un tragitto in taxi?

A $3{,}20 + 1{,}50x + 1{,}10y$

B $3{,}20x + 1{,}10x + 1{,}50y$

C $3{,}20 + 1{,}10x + 1{,}50x$

D $3{,}20 + 1{,}10x + 1{,}50y$

2 Addizione e moltiplicazione

Addizione

togliamo le parentesi — sommiamo i monomi simili

$$(5x^2-4x)+(2y-x-3x^2)=5x^2-4x+2y-x-3x^2=2x^2-5x+2y$$

La **somma di due polinomi** è la somma algebrica dei termini del primo polinomio con quelli del secondo. Ricorda che puoi sommare tra loro solo monomi simili.

PROVA SUBITO Calcola le seguenti somme di polinomi.

$(x+2)+(a+3+x)$; $(x^2+3x+1)+(2x^2+2)$;

$(2x^2+y+1)+(3y^2+2y+x^2-1)$; $(5a^3+5b^3+b)+(2a^3-b^3-b^2)$.

Sottrazione: una particolare addizione

cambiamo i segni — sommiamo i monomi simili

$$(5x^2-4x)-(2y-x-3x^2)=5x^2-4x-2y+x+3x^2=2x^2-3x-2y$$

La **differenza di due polinomi** è la somma del primo polinomio con l'opposto del secondo.

PROVA SUBITO Calcola le seguenti differenze di polinomi.

$(x-2)-(2x+1)$; $(x^2-2a+1)-(2a+x^3-2x^2)$;

$(x^2-1)-(2x^2+4x+1)$; $(a+a^2+b^3)-(2a^2-2b^3)$.

Moltiplicazione

2 termini — 3 termini — sommiamo i monomi simili

$$(x+2y)\cdot(3x-y+1)=3x^2-xy+x+6xy-2y^2+2y=3x^2+5xy+x-2y^2+2y$$

$3\cdot 2=6$ termini

Il **prodotto di due polinomi** è la somma dei prodotti dei termini del primo polinomio per ognuno dei termini del secondo.

PROVA SUBITO Calcola i seguenti prodotti di due polinomi.

$x^2(y+1)$; $x(2x+1)$;

$(x+1)(x-2)$; $(x^2+1)(y^2+3)$.

Esercizi

Addizione e sottrazione

25 **ESERCIZIO GUIDA**

Semplifichiamo la seguente espressione.

$-(3x^2-5xy)+[(2xy)^3:(4xy^3)+(6xy+x^2-9y^2)-(3xy+y^2)]$

Come si risolve

$-(3x^2-5xy)+[(2xy)^3:(4xy^3)+(6xy+x^2-9y^2)-(3xy+y^2)]=$ — calcoliamo le potenze e togliamo le parentesi tonde

$-3x^2+5xy+[8x^3y^3:(4xy^3)+6xy+x^2-9y^2-3xy-y^2]=$ — eseguiamo la divisione

$-3x^2+5xy+[2x^2+6xy+x^2-9y^2-3xy-y^2]=$ — sommiamo i monomi simili

$-3x^2+5xy+[3x^2+3xy-10y^2]=$ — togliamo le parentesi quadre

$-3x^2+5xy+3x^2+3xy-10y^2=$ — sommiamo i monomi simili

$8xy-10y^2$

Semplifica le seguenti espressioni.

26 $(3x+2)+(-8+5x)$ $[8x-6]$

27 $(x+3x)-(x^2+3)-(-x-3x^2)$ $[2x^2+5x-3]$

28 $(4x^3-2x^2+5x+2)-(x^3-5x^2+3x)-3x^2$ $[3x^3+2x+2]$

29 $-2a^2+(a^2+4ab-5ba)-(2ab-3a^2)$ $[2a^2-3ab]$

30 $\left(\frac{1}{4}x^2-xy-\frac{2}{3}y^2\right)-\left(\frac{4}{3}y^2+2yx-\frac{3}{4}x^2\right)$ $[x^2-3xy-2y^2]$

31 $\frac{1}{2}x^3-\left(\frac{1}{4}x^3-\frac{4}{3}x^2+\frac{1}{2}x\right)+\left(\frac{1}{4}x^3-\frac{1}{2}x\right)$ $\left[\frac{1}{2}x^3+\frac{4}{3}x^2-x\right]$

32 $(3a^6+4a^5-2a^2+16)-(a^5+3a^4\cdot a)-(8a^2-5a)$ $[3a^6-10a^2+5a+16]$

33 $\left[9x^3+8x^2+(-4x)^2\cdot\left(-\frac{1}{2}x\right)\right]+(3x-7)-(5x^2+x)$ $[x^3+3x^2+2x-7]$

34 $7a-[(2ab+5b-8)-(6ab+5-3b)+(4ab+10-8b)]$ $[7a+3]$

35 $(10x-3y)-(-3x)^2+[(-2x)^3+6x^2-(9xy+3x-xy-8yx)]$ $[-8x^3-3x^2+7x-3y]$

36 I polinomi $2x^3-3x$ e $-2x^3+4$ hanno grado 3, ma la loro somma è un polinomio di grado 1. **Perché?**

Completa.

37 $(2a+3b)+(\boxed{2a}-\boxed{-b})=4a+4b$; $\left(b^2+\frac{1}{3}a^2-\boxed{}\right)-(\boxed{}+\boxed{}+b)=-b^2-a^2$.

38 $(x^3+2x+\boxed{})-(\boxed{}+\boxed{}-y)=\frac{1}{2}x^3+x+y$; $(\boxed{}+y^2)+(2x-\boxed{})=3x$.

Moltiplicazione di un monomio per un polinomio

39 **ESERCIZIO GUIDA**

Semplifichiamo le seguenti espressioni:

a. $\frac{2}{3}x^2y\cdot(3x-18y+6)$; **b.** $(2x-3y+1)\cdot(-3x^2)$; **c.** $-3ab(2a-8)-\frac{1}{2}(4ab-8)$.

Come si risolve

a. $\frac{2}{3}x^2y\cdot(3x-18y+6)=\frac{2}{3}x^2y\cdot 3x+\frac{2}{3}x^2y\cdot(-18y)+\frac{2}{3}x^2y\cdot 6=2x^3y-12x^2y^2+4x^2y$

moltiplichiamo $\frac{2}{3}x^2y$ per ogni termine del polinomio

eseguiamo le moltiplicazioni fra monomi

b. $(2x-3y+1)\cdot(-3x^2)=2x\cdot(-3x^2)-3y\cdot(-3x^2)+1\cdot(-3x^2)=-6x^3+9x^2y-3x^2$

c. L'espressione data contiene due prodotti fra un monomio e un polinomio. Per rendere la semplificazione più rapida, non indichiamo tutte le moltiplicazioni e scriviamo invece direttamente il prodotto del monomio per ogni termine del polinomio, prestando attenzione al segno dei coefficienti.

$-3ab(2a-8)-\frac{1}{2}(4ab-8)=-6a^2b+\mathbf{24ab-2ab}+4=-6a^2b+22ab+4$

Esegui le seguenti moltiplicazioni.

40 $2(x^2-6)=2\cdot x^2+2\cdot(-6)=2x^2-12$

41 $-5(a^3-b^3)$; $xy(6+z)$; $a(a^2+2b-1)$; $3(x+3xy-2y)$.

42 $2b(4a^2b-9)$; $-x^2(3y-2xy)$; $-b^2\left(\frac{1}{2}a+\frac{3}{5}b\right)$; $2y(-x+8xy^2)$.

43 $3x(x-y+2z)$; $ab^2c(a-2b+1)$; $-5x^2(2+5x-4x^2)$; $xyz(x^3+y^2-z)$.

Semplifica le seguenti espressioni.

> Se scrivi le lettere dei termini in ordine alfabetico, potrai individuare più facilmente i monomi simili.

44 $5(x+1)-7(x^2+3)$ $[-7x^2+5x-16]$

45 $3a(2a-b)+5(-a^2+2ab)-(4-2ab)$ $[a^2+9ab-4]$

46 $(-3xy)(x-2y)-2(xy^2-3x^2y+y^2)+x(2yx+3y-4y^2)$ $[5x^2y+3xy-2y^2]$

Moltiplicazione di polinomi

47 **ESERCIZIO GUIDA**

Semplifichiamo le seguenti espressioni:

a. $(a-3b)(5a+2ab-6b)$; **b.** $(x^2+2x-3)(x-2)(x-4)-(1-x)(7x-1)$.

Come si risolve

a. $(a-3b)(5a+2ab-6b)=5a^2+2a^2b\mathbf{-6ab-15ab}-6ab^2+18b^2=$

$5a^2+2a^2b-21ab-6ab^2+18b^2$

b. $(x^2+2x-3)(x-2)(x-4)-(1-x)(7x-1)=$

$(x^3-2x^2+2x^2-4x-3x+6)(x-4)-(7x-1-7x^2+x)=$ svolgiamo due moltiplicazioni

$(x^3-7x+6)(x-4)-(-7x^2+8x-1)=$ sommiamo i monomi simili

$x^4-4x^3-7x^2+28x+6x-24+7x^2-8x+1=$ svolgiamo la moltiplicazione e togliamo le parentesi tonde (cambiando i segni)

$x^4-4x^3+26x-23$ sommiamo i monomi simili

Esegui le seguenti moltiplicazioni.

48 $(a+3)(a+5)=a(a+5)+3(a+5)=a^2+5a+3a+15=a^2+8a+15$

49 $(4x+3)(5x+1)$; $(2y-5x)(3y-x)$; $\left(x-\frac{3}{5}\right)(5x+1)$; $(a^2+2a-7)(a+1)$.

50 $(x+y+z)(x-y)$; $\left(\frac{1}{2}xy-2\right)\left(\frac{1}{3}xy+\frac{1}{5}\right)$; $(2x^2-3x-1)(x-1)$; $b(b-2)(3b+1)$.

Semplifica le seguenti espressioni.

51 $(a+b)(2a+1)+(-a-2)(2b+3a)$ $[-a^2-5a-3b]$

52 $(5x^2-x+3)(x+2)-(5x-2)(-1+x^2)$ $[11x^2+6x+4]$

53 $\left(-x+\frac{1}{2}\right)(4x-6)-(2-x^2)(3x+5)-(3x^3-14)$ $[x^2+2x+1]$

Le lunghezze dei lati del trapezio sono scritte in funzione di x e y. Osserva la figura e svolgi i seguenti esercizi.

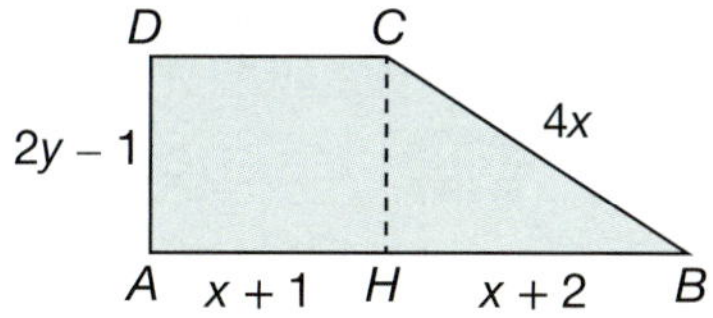

54 **Completa** l'espressione che descrive il perimetro del triangolo *BCH*.

(x + 2) + ______ + ______

Semplificando l'espressione, si ottiene il polinomio: 5 $x+$ ___ $y+$ ___.

55 **Completa** l'espressione che descrive l'area del triangolo *BCH*.

$\frac{1}{2}$ (x + 2) · ______ $=\frac{1}{2}$(2xy − ______ + ______ − ______) = ______

56 **Calcola** il perimetro e l'area del rettangolo *AHCD* in funzione di x e y.

Prodotti notevoli

Quadrato di binomio

Ricorda: $(A+B)^2=A^2+2AB+B^2$.

57 **ESERCIZIO GUIDA**

Calcoliamo: **a.** $(x^3+3y)^2$; **b.** $(-x+4y)^2$.

Come si risolve

a. Applichiamo la formula, con $A=x^3$ e $B=3y$:
$(x^3+3y)^2=(x^3)^2+2\cdot x^3\cdot 3y+(3y)^2=x^6+6x^3y+9y^2$.

b. Applichiamo la formula, con $A=-x$ e $B=4y$, prestando attenzione ai segni:
$(-x+4y)^2=(-x)^2+2(-x)\cdot 4y+(4y)^2=x^2-8xy+16y^2$.

58 **Completa** con i simboli + e −.

a. $(x+3)^2 = x^2$ [+] $6x$ [ ] 9

b. $(x-3)^2 = x^2$ [ ] $6x$ [ ] 9

c. $(-x-3)^2 = x^2$ [ ] $6x$ [ ] 9

d. $(-x+3)^2 = x^2$ [ ] $6x$ [ ] 9

Calcola i seguenti quadrati di binomi.

59 $(a+2)^2$; $(a^4+1)^2$; $\left(x^2-\frac{3}{2}\right)^2$; $(a-2)^2$.

60 $(3x^2-2)^2$; $(b-a^2)$; $(4a^2b+b)^2$; $(x+3x^2)^2$.

61 $(-7-x^3)^2$; $(-6+xy^2)^2$; $(2a+3b^2)^2$; $(5x+3xy)^2$.

Completa il trinomio in modo che sia lo sviluppo del quadrato di un binomio.

62 $9x^4+6x^2+$ [1]; $4y^2+9-$ [12y]; a^4+2a^2+ [ ]; a^2-6a+ [ ].

63 $10x+25+$ [ ]; $y^4x^2-2y^2x+$ [ ]; $49a^6-14a^4+$ [ ]; $25a^2+20ab+$ [ ].

Semplifica le seguenti espressioni.

64 $(a-3b^2)^2+(-b^2+2a)^2$ $[5a^2-10ab^2+10b^4]$

65 $(xy-2y^2)^2-x^2(y+4)^2+(-4x)^2$ $[4y^4-4xy^3-8x^2y]$

66 $[2x-(2-x)]^2+(x-1)^2$ $[10x^2-14x+5]$

Somma di due termini per la loro differenza

67 **ESERCIZIO GUIDA**

Calcoliamo:

a. $(5x^2+y)(5x^2-y)$; **b.** $(x-4)(4+x)$.

Ricorda:
$(A+B)(A-B) = A^2-B^2$.

Come si risolve

a. Applichiamo la formula, con $A = 5x^2$ e $B = y$: $(5x^2+y)(5x^2-y) = 25x^4-y^2$.

b. Applichiamo la proprietà commutativa e scriviamo nella forma $(A-B)(A+B)$:
$(x-4)(4+x) = (x-4)(x+4) = x^2-16$.

68 **Completa** i seguenti prodotti.

a. ([x^3] + [y^2]) · ([ ] − [ ]) $= x^6-y^4$

b. $(a^2-3)(a^2+3) =$ [ ] − [ ]

c. $(-2+x)(2+x)$ [ ] − [ ]

d. $(5-4y)(4y+5) =$ [ ] − [ ]

69 **Vero o falso?**

a. $(a^3-1)(1+a^3) = a^3-1$ V F

b. $(4x+y)(-4x+y) = y^2-16x^2$ V F

c. $(16a^4-b^2)(16a^4+b^2) = 4a^2-b$ V F

d. $(x+1)(-x-1) = x^2-1$ V F

Calcola i seguenti prodotti.

70 $(x-2)(x+2)$; $(y+4)(y-4)$; $\left(\frac{1}{3}x^2+\frac{1}{2}y\right)\left(\frac{1}{3}x^2-\frac{1}{2}y\right)$; $(5a+3b)(3b-5a)$.

71 $(xy+1)(xy-1)$; $(a+2b)(a-2b)$; $(6+x^3y)(-6+x^3y)$; $\left(4y-\frac{1}{2}x\right)\left(4y+\frac{1}{2}x\right)$.

Semplifica le seguenti espressioni.

72 $(x-3)(x+3)-(2+x)(2-x)+(1+x)(1-x)$ $[x^2-12]$

73 $(2x+5y)(2x-5y)-(3y+x)(-3y+x)$ $[3x^2-16y^2]$

74 $(3a-2)(3a+2)(9a^2+4)-(9a^2+1)(9a^2-1)$ $[-15]$

75 $\left(\frac{3}{2}a+\frac{4}{3}ab\right)\left(\frac{3}{2}a-\frac{4}{3}ab\right)+\left(2ab-\frac{a}{2}\right)\left(2ab+\frac{a}{2}\right)$ $\left[2a^2+\frac{20}{9}a^2b^2\right]$

Cubo di binomio

76 **ESERCIZIO GUIDA**

Calcoliamo:

a. $\left(\frac{2}{3}x^2+y\right)^3$; **b.** $(x-2)^3$.

Ricorda:
$(A+B)^3=A^3+3A^2B+3AB^2+B^3$.

Come si risolve

a. Applichiamo la formula, con $A=\frac{2}{3}x^2$ e $B=y$.

$$\left(\frac{2}{3}x^2+y\right)^3=\left(\frac{2}{3}x^2\right)^3+3\cdot\left(\frac{2}{3}x^2\right)^2\cdot y+3\left(\frac{2}{3}x^2\right)\cdot y^2+y^3=$$
$$\frac{8}{27}x^6+3\cdot\frac{4}{9}x^4\cdot y+2x^2y^2+y^3=\frac{8}{27}x^6+\frac{4}{3}x^4y+2x^2y^2+y^3.$$

b. Applichiamo la formula, con $A=x$ e $B=-2$, prestando attenzione ai segni:
$(x-2)^3=x^3+3\cdot x^2\cdot(-2)+3\cdot x\cdot(-2)^2+(-2)^3=x^3-6x^2+12x-8.$

77 **Completa** con i simboli + e −.

a. $(x+1)^3=x^3$ [+] $3x^2$ [+] $3x$ $\square$ 1

b. $(x-1)^3=x^3$ $\square$ $3x^2$ $\square$ $3x$ $\square$ 1

c. $(-x+1)^3=$ $\square$ x^3 $\square$ $3x^2$ $\square$ $3x$ $\square$ 1

d. $(-x-1)^3=$ $\square$ x^3 $\square$ $3x^2$ $\square$ $3x$ $\square$ 1

Calcola i seguenti cubi di binomi.

78 $(1-b)^3=1^3+3\cdot(1)^2\cdot(-b)+3\cdot(1)\cdot(-b)^2+(-b)^3=1-3b+3b^2-b^3$

79 $(3+y)^3$; $(a^2+1)^3$; $(2x-y)^3$; $\left(x-\frac{1}{2}\right)^3$.

80 $(-a+x)^3$; $(-x-y)^3$; $(2x-3y^2)^3$; $\left(\frac{1}{3}a-1\right)$.

Completa i seguenti cubi di binomi.

81 $([x-y^3])^3=x^3-3x^2y^3+3xy^6-y^9$

82 $(a+2b)^3=a^3+\square+\square+8b^3$

83 $(\square)^3=27-27a+\square-a^3$

84 $(\square)^3=-8+\square-6x^2+x^3$

Semplifica le seguenti espressioni.

85 $(a-1)^3+(a+1)^3+(1-2a)^3$ $[-6a^3+12a^2]$

86 $\frac{1}{2}[(2-x)^3+(x-2)(4-2x+x^3)]$ $[2x^2-2x]$

87 $(ab^2-2)^3+6a(ab^4-2b^2)$ $[a^3b^6-8]$

Quadrato di un trinomio

> **Ricorda:**
> $(A+B+C)^2=A^2+B^2+C^2+2AB+2AC+2BC.$

88 **ESERCIZIO GUIDA**:

Calcoliamo: $(-2a+3b-ab)^2$.

Come si risolve

Applichiamo la formula, con $A=-2a$, $B=3b$ e $C=-ab$:

$(-2a+3b-ab)^2=$

$(-2a)^2+(3b)^2+(-ab)^2+2\cdot(-2a)\cdot 3b+2(-2a)(-ab)+2\cdot 3b(-ab)=$

$4a^2+9b^2+a^2b^2-12ab+4a^2b-6ab^2$.

Calcola i seguenti quadrati di trinomi.

89 $(x+y+2)^2$ $=x^2+y^2+(2)^2+2xy+2y\cdot 2+2\cdot x\cdot 2=x^2+y^2+4+2xy+4y+4x$

90 $(2x+3y+z)^2$; $(a+ab+b)^2$; $(a^3+2+b^2)^2$; $(1-x+y)^2$.

91 $(5x-3y-1)^2$; $(a^2-ab+3)^2$; $\left(\frac{1}{2}x+2y+1\right)^2$; $\left(\frac{1}{3}a-b-1\right)^2$.

Completa i seguenti quadrati di trinomi.

92 $(\boxed{4a^2}+\boxed{b}+\boxed{})^2=16a^4+b^2+9+8a^2b+24a^2+\boxed{}$

93 $(x^4+\boxed{}-\boxed{})^2=x^8+16x^6+1+8x^7-2x^4-\boxed{}$

Espressioni di riepilogo con i prodotti notevoli

94 **ESERCIZIO GUIDA**

Semplifichiamo: $-y(3y\ 3+2)+(x\ 2-2y\ 2)2-(3-2xy)(3+2xy)$.

Come si risolve

moltiplicazione fra monomio e polinomio; quadrato di binomio; somma di due termini per la loro differenza

$-y(3y^3+2)+(x^2-2y^2)^2-(3-2xy)(3+2xy)=$ — eseguiamo la moltiplicazione e sviluppiamo i prodotti notevoli

$-3y^4-2y+x^4-4x^2y^2+4y^4-(9-4x^2y^2)=$ — togliamo la parentesi cambiando i segni

$-3y^4-2y+x^4-4x^2y^2+4y^4-9+4x^2y^2=$ — sommiamo i monomi simili

y^4-2y+x^4-9

Semplifica le seguenti espressioni.

95 $(a-1)(a+1)+(a-1)^2+2a(1-a)$ $[0]$

96 $(a-b)^2+(2a+b)(2a-b)+(5a+10)(2-a)$ $[20-2ab]$

97 $(-4+3x)(-4-3x)+(8x^2-3x+1)(3+5x)-5x(8x^2-3)$ $[11x+19]$

98 $5b(3a-b)+4(2a-b)^2+(b+4a)(b-4a)$ $[-ab]$

99 $(a-5b-3)^2-(3-a)^2+5b(2a-6)$ $[25b^2]$

100 $(y^2-3y+5)(y+2)-[(y-1)^3]+(y+3)(y-3)$ $[3y^2-4y+2]$

ESERCIZI DI RIEPILOGO POLINOMI

1 **Vero o falso?**

a. I polinomi x^3-y e x^3+1 hanno lo stesso grado. V F

b. Il polinomio $5x^6y^2-x^7$ ha grado 7. V F

c. Il polinomio $a^2b+ac-a^2b$ ha grado 3. V F

d. I polinomi x^2 e $3xy$ hanno lo stesso grado. V F

Calcola le espressioni applicando le regole dei prodotti notevoli.

2 $(x-2y)^2$; $(2a+b)^3$; $\left(x-\frac{1}{4}y\right)\left(x+\frac{1}{4}y\right)$; $(2x+3y+1)^2$.

3 $(5a+3b)(3b-5a)$; $(x^2+x+1)^2$; $\left(a-\frac{1}{3}b^2\right)\left(a+\frac{1}{3}b^2\right)$; $(3x-a^2)^2$.

4 **Completa** i seguenti prodotti notevoli.

a. $(2x^3+\square)^{\square}=4x^6+4x^3y^2+\square$

b. $(xy^2-y-x)^{\square}=x^2y^4+y^2+x^2-\square-2x^2y^2+\square$

c. $(\square-\square)^3=8a^6b^3-12a^4b^3+6a^2b^3-\square$

d. $(-3b+5a^3)(\square-\square)=9b^2-25a^6$

5 **Calcola** il perimetro e l'area della figura, esprimendo il risultato con un polinomio ridotto a forma normale (con $x>0$).

$\left[3x+8; \frac{1}{2}x^2+\frac{3}{2}x-2\right]$

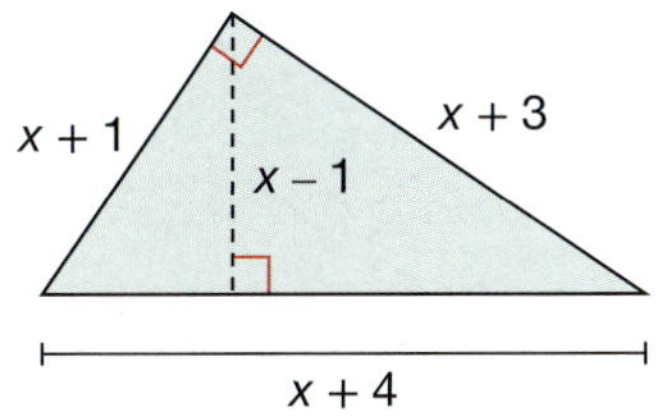

6 **Calcola** l'area della parte colorata della figura, esprimendo il risultato con un polinomio ridotto a forma normale.

$[15x^2-3x]$

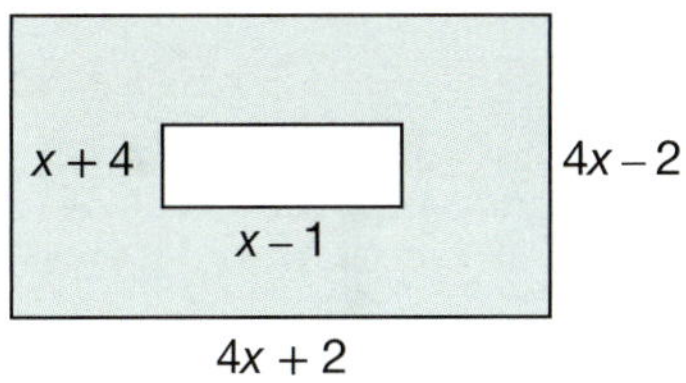

7 Un triangolo ha la base che misura $a+1$ e l'altezza che misura $2a-2$. Se si raddoppia la base e si aumenta l'altezza di 2, di quanto aumenta l'area del triangolo?

$[a^2+4a+3]$

Semplifica le seguenti espressioni.

8 $(-1+2a)(-1-2a)+(2a+1)^2-2(2a+3)$ $[-4]$

9 $(x+3)^2+(4x-1)(1+4x)-3x(2+x)$ $[14x^2+8]$

10 $(3a-b)(3a+b)-2a(5a+2b)+(a+2b)^2$ $[3b^2]$

11 $y(3+2x)+(2x-y)(y+2x)-\left(2x+\frac{1}{2}y\right)^2$ $\left[-\frac{5}{4}y^2+3y\right]$

12 $(x^2-x+1)(2+x)-x(x^2-1)+\frac{1}{2}(x-2)(x+2)$ $\left[\frac{3}{2}x^2\right]$

CAPITOLO 7 APPROFONDIMENTI DI ALGEBRA

1 Divisione fra polinomi

Dividere un polinomio per un monomio

$$(6a^3b + a^2b^3 - 12ab^2) : (-2ab) = -3a^2 - \frac{1}{2}ab^2 + 6b$$

ogni termine del polinomio deve essere divisibile per il monomio

Per **dividere un polinomio per un monomio**, dividiamo ogni termine del polinomio per il monomio divisore.

PROVA SUBITO Esegui le seguenti divisioni.

a. $(3x^2 - 18xy) : (3x)$ **b.** $(-4a^5b^2 + 12a^4b - 6a^3b^3 - 2a^2b) : (2a^2b)$

Dividere polinomi

dividendo: $A(x)$	divisore: $B(x)$
$8x^3 - 2x^2 \quad - 3$	$2x^2 + x - 1$
$-8x^3 - 4x^2 + 4x$	$4x - 3$ (quoziente: $Q(x)$)
$-6x^2 + 4x - 3$	
$6x^2 + 3x - 3$	
$7x - 6$ (resto: $R(x)$)	

$$\underbrace{8x^3 - 2x^2 - 3}_{A(x)} = \underbrace{(2x^2 + x - 1)}_{B(x)} \cdot \underbrace{(4x - 3)}_{Q(x)} + \underbrace{(7x - 6)}_{R(x)}$$

$1 < 2$ — 1: grado di R; 2: grado di B

Se $A(x)$ e $B(x)$ sono due polinomi, con $B(x)$ diverso da 0, e il grado di B è minore o uguale al grado di A, allora è possibile eseguire la **divisione con resto** tra A e B, cioè è possibile trovare due polinomi $Q(x)$ e $R(x)$ (quoziente e resto) tali che:

- $A(x) = B(x) \cdot Q(x) + R(x)$;
- il grado di R è minore del grado di B.

Se il resto è 0, $A(x)$ è **divisibile** per $B(x)$.

Per eseguire la divisione, possiamo procedere come segue.

1. ordiniamo i polinomi $A(x)$ e $B(x)$ con le potenze di x in ordine decrescente;
2. dividiamo il primo termine di $A(x)$ per il primo termine di $B(x)$, ottenendo il primo termine del quoziente;
3. moltiplichiamo il termine appena ottenuto per $B(x)$ e cambiamo di segno, riportando il risultato sotto $A(x)$;
4. sommiamo algebricamente $A(x)$ con il polinomio appena ottenuto: il risultato è il **resto parziale**;
5. ripetiamo la procedura (dal punto **2**) applicandola al resto parziale, finché non otteniamo un resto parziale con grado minore del grado di $B(x)$.

PROVA SUBITO Determina quoziente e resto delle seguenti divisioni tra polinomi.
a. $(24x^3+18x^2-16x-10):(4x+3)$; **b.** $(3x^5+x^4+x^3-3x^2-x-1):(3x^2+x+1)$.

Regola di Ruffini

$A(x)=3x^3+x^2-5=3x^3+1x^2+0x-5$ $\quad$ $B(x)=x+1=x-(-1)$

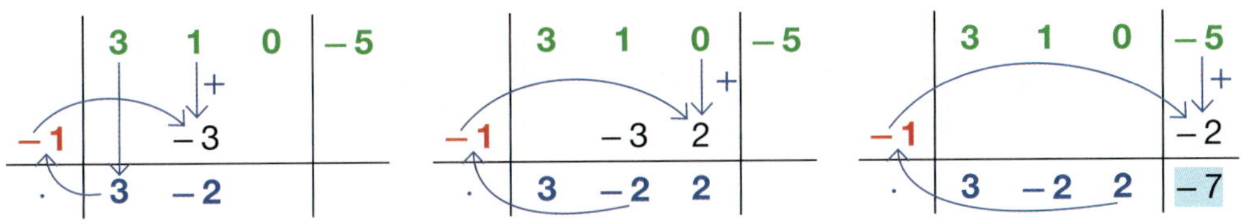

$Q(x)=3x^2-2x+2$ $\quad$ $R(x)=-7$

Possiamo utilizzare la **regola di Ruffini** se il polinomio divisore è della forma $x-a$.

PROVA SUBITO Determina quoziente e resto utilizzando la regola di Ruffini.
a. $(2x^3+5x^2-2x-3):(x+2)$; **b.** $(x^4+2x^3-5x^2+7x-3):(x-2)$.

Esercizi

Dividere un polinomio per un monomio

1 **Test.** Per quale dei seguenti monomi **non** è divisibile il polinomio $2a^3b^4+a^2b^2-ab^6$?
A $2ab$ B b^2 C a^2 D $-ab^2$

Esegui, se possibile, le seguenti divisioni.

2 $(2y^5+y^3+xy^2+5y):y$ $\quad$ $[2y^4+y^2+xy+5]$

3 $(3x^5-8x^4y+6x^2y^2-x^2):(3x^2)$ $\quad$ $\left[x^3-\frac{8}{3}x^2y+2y^2-\frac{1}{3}\right]$

4 $\left(y^4+\frac{1}{2}y^3+3x^2y^2-\frac{1}{4}xy\right):(xy)$ $\quad$ [impossibile]

5 $\left(a^4b^2+2a^3b^5-\frac{1}{2}a^2b^3\right):(-2a^2b)$ $\quad$ $\left[-\frac{1}{2}a^2b-ab^4+\frac{1}{4}b^2\right]$

6 $(3x^3y+2x^2y^2-5xy^2+x^2y^3):\left(\frac{1}{2}xy\right)$ $\quad$ $[6x^2+4xy-10y+2xy^2]$

Dividere polinomi

7 **Completa** la seguente divisione tra i polinomi $A(x)=8x^2-3$ e $B(x)=2x-1$.

$8x^2 \quad -3$	$2x-1$
$\boxed{-8x^2+4x}$	$\boxed{4x}+\boxed{}$
$\boxed{}-3$	
$\boxed{}$	
-1	

$Q(x)=\boxed{}$

$R(x)=\boxed{}$

Esegui le seguenti divisioni tra polinomi, calcolando quoziente e resto.

8 $(3x^3-4x^2+3x+5):(3x^2-x+2)$ $[Q(x)=x-1;\ R(x)=7]$

9 $(-2x^3+2x^2+x-1):(x^2-2x-1)$ $[Q(x)=-2x-2;\ R(x)=-5x-3]$

10 $(3x^3-6x+1):(x^2+x+1)$ $[Q(x)=3x-3;\ R(x)=-6x+4]$

11 $(2x^5+3x^3-1):(x^3+1)$ $[Q(x)=2x^2+3;\ R(x)=-2x^2-4]$

12 $(a^6+a^5+a^3+2a^2+a):(a^4+a+1)$ $[Q(x)=a^2+a;\ R(x)=0]$

13 $(-2x^4-2x^3+2x^2+x+1):(2x^3-x)$ $[Q(x)=-x-1;\ R(x)=x^2+1]$

14 $\left(15x^5+\frac{7}{2}x^3+5x^4+\frac{91}{3}x^2+\frac{1}{6}x+7\right):\left(3x^3+x^2+\frac{1}{2}x+6\right)$ $\left[Q(x)=5x^2+\frac{1}{3};\ R(x)=5\right]$

15 In un triangolo rettangolo di area $A=a^3-4a$, un cateto misura $a+2$. Quanto misura l'altro cateto? $[2a^2-4a]$

16 Considera un trapezio $ABCD$. Le basi misurano rispettivamente a^2-3a e a^2+5a. L'area del trapezio è $a^5+a^4-a^3-a^2$. Quanto misura l'altezza del trapezio? $[a^3-a]$

Regola di Ruffini

17 **Completa** la seguente divisione tra i polinomi $A(x)=3x^3-2x^2+4x-9$ e $B(x)=x-1$. Usa la regola di Ruffini.

	3	−2	$\boxed{4}$	$\boxed{}$
1		3	$\boxed{}$	$\boxed{}$
	$\boxed{3}$	1	$\boxed{}$	$\boxed{}$

$Q(x)=\boxed{3}\,x^2+x+\boxed{}$

$R(x)=\boxed{}$

Esegui le seguenti divisioni tra polinomi con la regola di Ruffini.

18 $(3x^2+2x-1):(x+1)$ $[Q(x)=3x-1;\ R(x)=0]$

19 $(-3x^3-4x^2+19x-4):(x-2)$ $[Q(x)=-3x^2-10x-1;\ R(x)=-6]$

20 $(-x^4+4x^3+1):(x-4)$ $[Q(x)=-x^3;\ R(x)=1]$

21 $(x^5+3x^4+2x^2+5x):(x+3)$ $[Q(x)=x^4+2x-1;\ R(x)=3]$

2 Scomposizione in fattori

Raccoglimento

Raccoglimento totale

$5ab^2+10a^2b^3-5b^2=5b^2\cdot a+5b^2\cdot 2a^2b-5b^2\cdot 1=5b^2(a+2a^2b-1)$

$10xy^2(3x-1)+7y(3x-1)=y(3x-1)(10xy+7)$

Raccoglimento parziale

$2ab+8a+b^2+4b=2a(b+4)+b(b+4)=(b+4)(2a+b)$

fattore comune: $2a$ — fattore comune: b

$3xy-3y-10x+10=3y(x-1)-10(x-1)=(x-1)(3y-10)$

fattore comune: $3y$ — fattore comune: -10

Nel **raccoglimento totale**:

- individuiamo un fattore comune a tutti i termini del polinomio e lo mettiamo in evidenza;
- scriviamo tra parentesi la somma dei risultati delle divisioni tra ciascun termine del polinomio e il fattore comune.

Nel **raccoglimento parziale**:

- dividiamo il polinomio in parti con lo stesso numero di monomi (di solito due parti con due monomi ciascuna);
- applichiamo il raccoglimento a ognuna delle parti;
- se otteniamo un fattore comune a tutte le parti, applichiamo il raccoglimento totale.

PROVA SUBITO Scomponi in fattori i seguenti polinomi.

a. $2xy+x^2y+y^2+3x^2y^2$; **b.** $4a^2b^2+3ab^3+5a^3b$; **c.** $2x^2+6x-5xy-15y$.

Trinomio speciale

$$x^2+2x-15=(x-3)(x+5)$$

$(-3)+(+5)$ → $+2x$; $(-3)\cdot(+5)$ → -15

Possiamo scomporre un trinomio della forma

x^2+sx+p

se troviamo due numeri x_1 e x_2 tali che:

$x_1+x_2=s$ e $x_1\cdot x_2=p$.

Allora: $x^2+sx+p=(x+x_1)(x+x_2)$.

PROVA SUBITO Scomponi in fattori i seguenti trinomi.

a. $x^2+7x+12$; **b.** $x^2+3x-10$.

Scomposizione con i prodotti notevoli

$x^6+6x^4+9x^2=(x^3+3x)^2$ (doppio prodotto: $6x^4$; quadrati: x^6, $9x^2$)	**quadrato di un binomio** $A^2+2AB+B^2=(A+B)^2$
$25-16x^2=(5+4x)(5-4x)$ (quadrati: 25, $16x^2$)	**differenza di quadrati** $A^2-B^2=(A+B)(A-B)$
$y^3-6y^2x+12yx^2-8x^3=(y-2x)^3$ (tripli prodotti: $-6y^2x$, $12yx^2$; cubi: y^3, $-8x^3$)	**cubo di un binomio** $A^3+3A^2B+3AB^2+B^3=(A+B)^3$
$x^2+y^2+9z^2-2xy+6xz-6yz=(x-y+3z)^2$ (quadrati: $x^2+y^2+9z^2$; doppi prodotti: $-2xy+6xz-6yz$)	**quadrato di un trinomio** $A^2+B^2+C^2+2AB+2AC+2BC=(A+B+C)^2$
$x^3+8=(x+2)(x^2-2x+4)$ $x^6-1=(x^2-1)(x^4+x^2+1)$ (cubi: x^3, 8; x^6, 1)	**somma o differenza di cubi** $A^3+B^3=(A+B)(A^2-AB+B^2)$ $A^3-B^3=(A-B)(A^2+AB+B^2)$

Per scomporre un polinomio possiamo usare i prodotti notevoli.

PROVA SUBITO Scomponi in fattori i seguenti polinomi.

a. $4x^2-121$
b. $a^3-9a^2b+27ab^2-27b^3$
c. a^3+27
d. $x^2+10ax+25a^2$
e. $x^{12}-64$
f. $4a^2+b^2+9c^2-4ab-12ac+6bc$

Scomposizione con il metodo di Ruffini

$P(x)=3x^3-4x^2-5x+2$ divisori di 2: $\pm 1, \pm 2$
divisori di 3: $\pm 1, \pm 3$

cerchiamo gli zeri tra $\pm 1, \pm 2, \pm\frac{1}{3}, \pm\frac{2}{3}$

$P\left(-\frac{1}{3}\right)=\frac{28}{9}\neq 0 \rightarrow$ $P(x)$ **non** è divisibile per $\left(x+\frac{1}{3}\right)$

$P\left(\frac{1}{3}\right)=0 \rightarrow$ $P(x)$ è divisibile per $\left(x-\frac{1}{3}\right) \rightarrow P(x)=\left(x-\frac{1}{3}\right)(3x^2-3x-6)$

regola di Ruffini

Dato un polinomio $P(x)$ a coefficienti interi, cerchiamo gli eventuali zeri razionali tra le frazioni che hanno a numeratore un divisore del termine noto e a denominatore un divisore del coefficiente del termine di grado massimo. Se troviamo uno zero a del polinomio $P(x)$, possiamo dividerlo per $(x-a)$ con la regola di Ruffini, ottenendo un quoziente $Q(x)$. Abbiamo quindi la scomposizione: $P(x)=(x-a)\cdot Q(x)$.

PROVA SUBITO Scomponi in fattori $2x^4+x^3+x^2+x-1$.

Esercizi

Raccoglimento

22 **Completa** le seguenti uguaglianze.

a. $8x^2+4xy=4x(\boxed{2x}+\boxed{y})$;
b. $3ab+6b=3b(\boxed{}+2)$;
c. $a^2b-a^4=a^2(\boxed{}-\boxed{})$;
d. $-x+3x^2=-x(\boxed{}-\boxed{})$.

Scomponi in fattori i seguenti polinomi, usando il raccoglimento totale.

23 $2y+4y^2$; $3a^2-6ab$.

24 $-x^2-10x^3$; $ax+8a^2x^2$.

25 $x^6-6x^4+3x^3$; $5a^4-10a^3b-5a^2b^2$.

26 $\frac{1}{2}xy-\frac{1}{4}y^2$; $\frac{3}{5}ab+\frac{2}{5}b^4$.

Scomponi in fattori i seguenti polinomi, usando il raccoglimento parziale.

27 $2xy+y+4x^2+2x$

28 $a^2b-ac+ab-c$

29 $ab^3-b^2+a^2b-a$

30 $2x^3+2x-x^2y-y$

31 $ax^2+ay+bx^2+by$

32 $9xy^3-x-27y^4z+3yz$

Trinomio speciale

Scomponi in fattori i seguenti trinomi.

33 x^2-5x+6

34 $x^2-3x-10$

35 x^2+x-12

36 $b^2+11b+30$

37 a^2+8a+7

38 $y^2+3y-28$

Scomposizione con i prodotti notevoli

39 **Completa** le seguenti uguaglianze

a. $x^2+6x+9=(\boxed{x}+\boxed{3})^2$;
b. $a^2+8a+16=(\boxed{}+4)^2$;
c. $y^2-10y+25=(y-\boxed{})^2$;
d. $b^4-2b^2+1=(b^{\square}-\boxed{})^2$.

Scomponi i seguenti quadrati di binomi.

40 x^2+4x+4

41 $36+12x+x^2$

42 a^2-6a+9

43 $a^2+4ab+4b^2$

44 b^4+10b^2+25

45 $\frac{1}{4}a^2+ab+b^2$

---

46 **Completa** le seguenti uguaglianze

a. $9x^2-y^2=(\boxed{3x}+y)(\boxed{3x}-y)$;
b. $a^2-4b^2=(a+\boxed{}b)(a-\boxed{}b)$;
c. $49x^4-16y^2=(7x^{\square}+\boxed{})(7x^{\square}-\boxed{})$;
d. $36a^2b^2-1=(6\boxed{}+\boxed{})(6\boxed{}-\boxed{})$.

47 **Test.** Quale tra i seguenti polinomi *non* è il quadrato di un binomio?

A x^2+4x+4 B $6b^2+9b^4+1$ C $x^2+2xy+4y^2$ D $16+y^2+8y$

Scomponi le seguenti differenze di quadrati.

48 $9x^2-25$; b^2-36; $36a^2-81b^2$.

49 x^4-4; $\frac{1}{4}x^4-\frac{1}{9}y^2$; $121x^4y^2-16$.

Scomponi i seguenti quadrati di trinomi.

50 $a^2+4b^2+c^2+4ab-2ac-4bc$

51 $x^2+y^2+1-2xy-2x+2y$

---

52 **Completa** le seguenti uguaglianze

a. $27+27y+9y^2+y^3=(\underline{\quad 3 \quad}+\underline{\quad y \quad})^3$;

b. $x^3+6x^2+12x+8=(\underline{\qquad}+2)^3$;

c. $8a^3-36a^2+54a-27=(\underline{\qquad}a-\underline{\qquad})^3$;

d. $x^6+12x^4+48x^2+64=(x^{\square}+\underline{\qquad})^3$.

Scomponi i seguenti cubi di binomi.

53 $a^3+15a^2+75a+125$

54 $27y^3-54y^2+36y-8$

55 $-8x^3+12x^2-6x+1$

56 $8a^3-12a^2b+6a^2b-b^3$

Scomponi le seguenti somme o differenze di cubi.

57 $8-27a^9$; x^3y^3+125.

58 $x^{15}-\frac{1}{27}$; $\frac{1}{8}+64a^3$.

Scomponi in fattori i seguenti polinomi.

59 x^3-x^2-4x+4; $4a^2+4ab^2+b^4$. $[(x-1)(x+2)(x-2); (2a+b^2)^2]$

60 $x^3-6a^2x^2+12a^4x-8a^6$ $[(x-2a^2)^3]$

61 $x^{10}-4x^7+4x^4$ $[x^4(x^3-2)^2]$

Effettua prima un raccoglimento totale.

62 x^4-y^4; b^4+8b. $[(x^2+y^2)(x+y)(x-y); b(b+2)(b^2-2b+4)]$

Scomposizione con il metodo di Ruffini

Scomponi i seguenti polinomi, utilizzando il metodo di Ruffini.

63 x^3-2x^2-5x+6 $[(x-1)(x+2)(x-3)]$

64 $a^3+4a^2-3a-18$ $[(a-2)(a+3)^2]$

65 $2x^3+x^2+x-1$ $\left[2\left(x-\frac{1}{2}\right)(x^2+x+1)\right]$

Se il coefficiente del termine di grado massimo è 1, cerca gli zeri tra i divisori del termine noto.

3 MCD e mcm di polinomi

$3(x-5)(x+5)^2$	$=$	$3\cdot$	$(x-5)\cdot(x+5)^2$
$2x^4(x+5)$	$=$	$2\cdot x^4\cdot$	$(x+5)$
MCD	$=$		$(x+5)$
mcm	$=$	$6\cdot x^4\cdot$	$(x-5)\cdot(x+5)^2$

Per calcolare il **massimo comune divisore** (MCD) e il **minimo comune multiplo** (mcm) di due o più polinomi:

- scomponiamo i polinomi in fattori **irriducibili** (cioè in polinomi che non si possono scomporre in fattori di grado più basso);
- otteniamo il MCD moltiplicando tutti i fattori comuni, con l'esponente minore;
- otteniamo il mcm moltiplicando tutti i fattori (comuni e non comuni), con l'esponente maggiore.

PROVA SUBITO Trova MCD e mcm di $2y^3+6y^2$ e $4y^3+24y^2+36y$.

Esercizi

66 **ESERCIZIO GUIDA**

Calcoliamo MCD e mcm di x^2+3x+2, x^3+5x^2+8x+4 e $2x^3+8x^2+10x+4$.
Scomponiamo i polinomi e scriviamo i fattori in colonna.

$x^2+3x+2=\quad (x+1)\cdot(x+2)$

$x^3+5x^2+8x+4=\quad (x+1)\cdot(x+2)^2$

$2x^3+8x^2+10x+4=\quad 2\,(x+1)^2\cdot(x+2)$

$MCD=(x+1)(x+2)$ ⟶ i fattori comuni con l'esponente minore

$mcm=2(x+1)^2(x+2)^2$ ⟶ tutti i fattori con l'esponente maggiore

Calcola MCD e mcm dei seguenti gruppi di polinomi.

67 $x^2+5x+6;\quad x^2-9.$ $[MCD=x+3;\ mcm=(x+2)(x+3)(x-3)]$

68 $4x^2-1;\quad 4x^2-4x+1.$ $[MCD=2x-1;\ mcm=(2x-1)^2(2x+1)]$

69 $x^3+3x^2+2x+6;\quad x^2+6x+9.$ $[MCD=x+3;\ mcm=(x+3)^2(x^2+2)]$

70 $y^2+2y-3;\quad y^3-1.$ $[MCD=y-1;\ mcm=(y-1)(y+3)(y^2+y+1)]$

71 $x^2+2x;\quad x^3+6x^2+12x+8;\quad 2x^4+8x^3+8x^2.$ $[MCD=x+2;\ mcm=2x^2(x+2)^3]$

72 $2a+4;\quad a^2-4;\quad a^2+4a+4.$ $[MCD=a+2;\ mcm=2(a+2)^2(a-2)]$

73 $3x^2+9x+6;\quad x^3+4x^2+5x+2;\quad x^2+3x+2.$
$[MCD=(x+1)(x+2);\ mcm=3(x+1)^2(x+2)]$

4 Frazioni algebriche

Che cos'è una frazione algebrica

Frazione algebrica	Condizioni di esistenza
$\frac{5x^2+x}{x+1}$	$x+1\neq 0 \rightarrow x\neq -1$
$\frac{2a+b}{a^2-9}$	$a^2-9\neq 0 \rightarrow (a+3)(a-3)\neq 0 \rightarrow a\neq -3 \wedge a\neq 3$

Una **frazione algebrica** è un'espressione formata da un polinomio a numeratore e un polinomio non nullo a denominatore. Per ogni frazione algebrica dobbiamo determinare le **condizioni di esistenza** (**C.E.**), cioè escludere i valori che rendono il denominatore uguale a zero. Per determinare le **C.E.**, scomponiamo in fattori (se necessario) il denominatore e troviamo i valori che annullano i fattori.

PROVA SUBITO Determina le condizioni di esistenza di:

a. $\frac{x+2}{x}$; **b.** $\frac{b^2-1}{b-5}$; **c.** $\frac{a-2}{a^2+2a+1}$.

Semplificazione e riduzione a denominatore comune

Proprietà invariantiva	$\frac{x+3}{x+2}=\frac{(x+3)(x-2)}{(x+2)(x-2)}$	con **C.E.** $x\neq -2 \wedge x\neq 2$
Semplificazione	$\frac{xy-x}{y^2+2y-3}=\frac{x(y-1)}{(y-1)(y+3)}=\frac{x}{y+3}$	con **C.E.** $y\neq 1 \wedge y\neq -3$
Riduzione a denominatore comune	$\frac{a}{a+b}=\frac{a^2}{a(a+b)}$ (moltiplicando per $\cdot a$); $\frac{1}{a}=\frac{a+b}{a(a+b)}$ (moltiplicando per $\cdot (a+b)$)	con **C.E.** $a\neq 0 \wedge a\neq -b$ $a(a+b)=\text{mcm}(a, a+b)$

Proprietà invariantiva: se moltiplichiamo o dividiamo numeratore e denominatore per uno stesso polinomio non nullo otteniamo frazioni **equivalenti**.
Dobbiamo sempre ricordarci di determinare le condizioni di esistenza.
Per **semplificare** una frazione algebrica, scomponiamo in fattori numeratore e denominatore e, dopo aver posto le condizioni di esistenza, dividiamo per i fattori comuni. Per ridurre a **denominatore comune** due o più frazioni algebriche, applichiamo la proprietà invariantiva per ottenere frazioni algebriche che abbiano per denominatore il mcm dei denominatori.

PROVA SUBITO Dopo aver determinato le condizioni di esistenza, riduci a denominatore comune le seguenti coppie di frazioni algebriche.

a. $\frac{x^2}{x+1}$, $\frac{3}{x}$; **b.** $\frac{x-2}{x^2+2x}$, $\frac{4x}{x+2}$.

Operazioni

Somma algebrica

$$\frac{3x}{(x-1)(x+1)}-\frac{1}{x-1}=\frac{3x}{(x-1)(x+1)}-\frac{x+1}{(x-1)(x+1)}=\frac{3x-(x+1)}{(x-1)(x+1)}=\frac{2x-1}{(x-1)(x+1)}$$

con **C.E.** $x \neq -1 \land x \neq 1$

Moltiplicazione

$$\frac{3\cancel{x}}{\cancel{x-1}}\cdot\frac{(\cancel{x-1})(x+1)}{5x^{\cancel{3}\,2}}=\frac{3(x+1)}{5x^2}$$ con **C.E.** $x \neq 1 \land x \neq 0$

Divisione

$$\frac{x+2}{x}:\frac{x+2}{x(x-2)}=\frac{\cancel{x+2}}{\cancel{x}}\cdot\frac{\cancel{x}(x-2)}{\cancel{x+2}}=x-2$$ con **C.E.** $x \neq 0 \land x \neq 2 \land x \neq -2$

(le frazioni evidenziate sono reciproche)

Potenza

- con esponente positivo o nullo: $\left(-\frac{x}{x+1}\right)^2=+\frac{x^2}{(x+1)^2}$ con **C.E.** $x \neq -1$
- con esponente negativo: $\left(\frac{x+3}{x-1}\right)^{-3}=\left(\frac{x-1}{x+3}\right)^3=\frac{(x-1)^3}{(x+3)^3}$ con **C.E.** $x \neq 1 \land x \neq -3$ (le frazioni evidenziate sono reciproche)

- Per **sommare** due frazioni algebriche, le riduciamo a denominatore comune e poi sommiamo i numeratori.
- Il **prodotto** di due frazioni algebriche ha come numeratore il prodotto dei numeratori e come denominatore il prodotto dei denominatori.
  Prima di eseguire una moltiplicazione, possiamo semplificare in croce i fattori in comune, dopo aver posto le condizioni di esistenza.
- La **divisione** tra due frazioni algebriche si ottiene moltiplicando la prima per la reciproca della seconda; nelle **C.E.** dobbiamo imporre che anche il numeratore della seconda frazione sia diverso da zero.
- Per elevare una frazione algebrica a una **potenza positiva o nulla**, eleviamo numeratore e denominatore alla stessa potenza.
  Se l'esponente è negativo, eleviamo allo stesso esponente, cambiato di segno, il reciproco della frazione algebrica; nelle **C.E.** dobbiamo imporre che anche il numeratore sia diverso da zero.

PROVA SUBITO Esegui le seguenti operazioni tra frazioni algebriche.

a. $\frac{2x}{x-1}+\frac{3}{x}$;

b. $\frac{6(x+2)^2}{x-3}\cdot\frac{3(x-3)}{2(x+2)}$;

c. $\frac{(x+5)^2}{x-1}:\frac{x+5}{(x-1)^3}$;

d. $\left(\frac{3x}{x+2}\right)^2$.

Esercizi

Determina le condizioni di esistenza delle seguenti frazioni algebriche.

74 $\dfrac{x-y}{x}$; $\dfrac{x^2}{xy}$; $\dfrac{a-2}{a+2}$.

75 $\dfrac{5}{x(3-x)}$; $\dfrac{2ab}{a^2-9}$; $\dfrac{a}{a^2+1}$.

Semplifica le seguenti frazioni algebriche, dopo averne determinato le condizioni di esistenza.

76 $\dfrac{12x^2y^3}{4x^2y^2}$; $\dfrac{x^2+x}{x+1}$.

77 $\dfrac{4-2y}{4-y^2}$; $\dfrac{a^2+4a+3}{a+3}$.

78 $\dfrac{x^2-4x+4}{x^2-2x}$; $\dfrac{b^2+2b-3}{b^2-1}$.

79 $\dfrac{3x^2+3xy}{x^2-y^2}$; $\dfrac{x^2+ax-bx-ab}{x^2-ax-bx+ab}$.

Riduci a denominatore comune le seguenti frazioni algebriche.

80 $\dfrac{x+3}{x-2}$; $\dfrac{x}{x+1}$.

81 $\dfrac{2+x}{x^2+x}$; $\dfrac{2}{x}$.

82 $\dfrac{b+3}{b^2+5b+6}$; $\dfrac{1}{b+3}$; $\dfrac{b}{b+2}$.

83 $\dfrac{2x}{x^2-4}$; $\dfrac{3x^2}{x^2+2x}$; $\dfrac{1}{x}$.

Calcola le seguenti somme algebriche.

84 $\dfrac{1}{x}-\dfrac{2}{x^2}$ $\left[\dfrac{x-2}{x^2}\right]$

85 $\dfrac{5}{a^2+a}+\dfrac{1}{a}$ $\left[\dfrac{a+6}{a(a+1)}\right]$

86 $\dfrac{x+3}{3x+6}-\dfrac{1}{x+2}$ $\left[\dfrac{x}{3(x+2)}\right]$

87 $\dfrac{2y}{x}+\dfrac{y^2+2y}{xy+x}$ $\left[\dfrac{3y^2+4y}{x(y+1)}\right]$

Esegui le seguenti moltiplicazioni.

88 $\dfrac{9x^3y^2}{16xy}\cdot\dfrac{4y}{15x^2}$ $\left[\dfrac{3}{20}y^2\right]$

89 $\dfrac{a+b}{4b-8}\cdot\dfrac{b-2}{a^2-b^2}$ $\left[\dfrac{1}{4(a-b)}\right]$

Esegui le seguenti divisioni.

90 $\dfrac{1}{x^3y}:\dfrac{3}{xy^2}$ $\left[\dfrac{y}{3x^2}\right]$

91 $\dfrac{2a}{a+3}:\dfrac{4a^2}{a^2+3a}$ $\left[\dfrac{1}{2}\right]$

92 $\dfrac{x}{y^2}:2x^2y$ $\left[\dfrac{1}{2xy^3}\right]$

Calcola le seguenti potenze.

93 $\left(\dfrac{x}{3y}\right)^2$; $\left(\dfrac{2a}{a+1}\right)^3$.

94 $\left(\dfrac{2x^3y}{x^3}\right)^{-4}$; $\left(\dfrac{a^2}{a+5}\right)^{-1}$.

Semplifica le seguenti espressioni.

$2x^2y=\dfrac{2x^2y}{1}$

95 $\dfrac{2}{a+1}-\left(\dfrac{2a-4}{a^2-5a+6}:\dfrac{a+1}{a-3}\right)$ [0]

96 $\left(\dfrac{3xy}{x^2}+\dfrac{x^2-1}{x^2-x}\right)\cdot\dfrac{x}{y+1}$ $\left[\dfrac{3y+x+1}{y+1}\right]$

97 $\left(\dfrac{a^2y-ay^2}{a^2-y^2}\cdot\dfrac{a+y}{y^2}\right)^{-3}$ $\left[\dfrac{y^3}{a^3}\right]$

98 $\dfrac{x^2}{x^2+6x+9}:\dfrac{x^3-27}{x^2+x-6}\cdot\dfrac{2x^2+6x+18}{x^3-2x^2}$ $\left[\dfrac{2}{x^2-9}\right]$

ESERCIZI DI RIEPILOGO APPROFONDIMENTI DI ALGEBRA

Determina quoziente e resto delle seguenti divisioni tra polinomi.

1 $(-x^4-x^3+11x^2-9x+2):(x-2)$ $[Q(x)=-x^3-3x^2+5x+1;\ R(x)=4]$

2 $(x^3-2x^2-3x+7):(x^2-3x)$ $[Q(x)=x+1;\ R(x)=7]$

3 $(x^5+3x^3+x^2+3x-1):(x^3+2x+1)$ $[Q(x)=x^2+1;\ R(x)=x-2]$

4 $\left(\frac{1}{2}x^3-\frac{1}{6}x^2-x-1\right):(x^2-x-1)$ $\left[Q(x)=\frac{1}{2}x+\frac{1}{3};\ R(x)=-\frac{1}{6}x-\frac{2}{3}\right]$

Scomponi in fattori i seguenti polinomi.

5 $25a^2+30ab+9b^2$ $[(5a+3b)^2]$

6 $x^4+6x^3+12x^2+8x$ $[x(x+2)^3]$

7 $3x^4-3y^6+x^2-y^3$ $[(x^2-y^3)(3x^3+3y^3+1)]$

8 x^4+2x^3-x-2 $[(x-1)(x+2)(x^2+x+1)]$

9 $y^4+3y^3-4y^2-12y$ $[y(y-2)(y+2)(y+3)]$

10 b^4+b $[b(b+1)(b^2-b+1)]$

11 x^3+7x^2+6x $[x(x+1)(x+6)]$

12 $\frac{1}{4}z^{12}+\frac{1}{4}z^9+\frac{1}{16}z^6$ $\left[\frac{1}{4}z^6\left(z^3+\frac{1}{2}\right)^2\right]$

Calcola MCD e mcm delle seguenti coppie di polinomi.

13 $2a^2-2b^2$; a^2-ab. $[\text{MCD}=a-b;\ \text{mcm}=2a(a+b)(a-b)]$

14 ab; ab^2; $a^3b^2+a^2b^3$. $[\text{MCD}=ab;\ \text{mcm}=a^2b^2(a+b)]$

15 a^2+a-20; a^3+10a^2+25a. $[\text{MCD}=a+5;\ \text{mcm}=a(a-4)(a+5)^2]$

16 $3x^2+9x+6$; x^3+3x^2+3x+1. $[\text{MCD}=(x+1);\ \text{mcm}=3(x+2)(x+1)^3]$

Semplifica le seguenti espressioni.

17 $\left(\frac{y^3}{y+2}\cdot\frac{y^2+3y+2}{y^3+y^2}\right)^{-2}$ $\left[\frac{1}{y^2}\right]$

18 $\left(\frac{a}{a^3-3a^2}+\frac{a+1}{a-3}\right):\frac{a^3-1}{a^2-a}$ $\left[\frac{1}{a-3}\right]$

19 $\frac{2x+y}{x^2-y^2}\cdot\frac{x^3-y^3}{4x+2y}+\frac{xy}{2(x+y)}$ $\left[\frac{1}{2}(x+y)\right]$

SEZIONE B CALCOLO ALGEBRICO
TE LO RICORDI ANCORA?

1 **Completa** scrivendo il grado di ognuno dei polinomi.

$3x^4+4x^3+1$, ☐; x^2+2x^3+x, ☐; $-3-x+x^5$, ☐; $\frac{1}{2}x^2-\frac{1}{3}$, ☐.

2 **Completa.**

a. $(3a+5b^3)^2=\square a^2+\square ab^{\square}+25b^{\square}$

b. $(x^2+2y)^3=x^{\square}+\square x^4y+\square x^2y^2+\square y^{\square}$

3 **Test**. Cosa ottieni semplificando $(a+2b)(a-2b)+a(4-a)$?

A $4a-4b$ **B** $4a+4b^2$ **C** $4a-4b^2$ **D** $2a^2+4a+4b^2$

4 **Test**. Qual è il resto della divisione $(x^3+4x^2+5x):(x^2+x+1)$?

A 0 **B** $x-3$ **C** $x+3$ **D** x

5 **Test**. Per quale dei seguenti polinomi è divisibile $\frac{1}{3}a^4+\frac{1}{3}a^3-a^2+a-6$?

A $a-2$ **B** $a-1$ **C** $a+1$ **D** a

6 **Vero o falso?**

a. $4x^3-x$ è divisibile per $2x+1$. V F

b. a^3+8 è divisibile per $a-2$. V F

c. Il massimo comune divisore fra x^3-2x^2+x-2 e x^2-x-2 è $x+1$. V F

d. Il minimo comune multiplo fra x^2-1 e x^2+x è x^3-x. V F

7 **Associa** a ogni frazione algebrica le sue condizioni di esistenza.

a. $\frac{x+1}{x^2-4}$ **b.** $\frac{x}{x+1}$ **c.** $\frac{x-1}{x^2+1}$ **d.** $\frac{x-3}{2+x}$

1. $x\neq-1$ **2.** $\forall x\in\mathbb{R}$ **3.** $x\neq-2$ **4.** $x\neq\pm2$

8 **Vero o falso?** La frazione $\frac{x^3-x}{x^2-2x+1}$:

a. ha come C.E. $x\neq\pm1 \wedge x\neq0$. V F

b. si annulla per $x=0$ e per $x\neq-1$. V F

c. perde significato se $x=1$. V F

d. vale 6 quando $x=2$. V F

9 **Test**. Dopo aver determinato la C.E., semplificando la frazione $\frac{8a^3-18a}{4a^3-12a^2+9a}$ ottieni:

A 2. **B** -2. **C** $4a+6$. **D** $\frac{4a+6}{2a-3}$.

10 **Test**. Se sono verificate le C.E., quale delle seguenti frazioni equivale a $\frac{y}{y^2-4}-\frac{1}{y+2}$?

A $\frac{2}{y^2-4}$ **B** $-\frac{2}{y^2-4}$ **C** $\frac{2y-2}{y^2-4}$ **D** $\frac{2y+2}{y^2-4}$

SEZIONE C

EQUAZIONI, DISEQUAZIONI, RELAZIONI, FUNZIONI

CAPITOLO 8

EQUAZIONI LINEARI

1 Equazioni

Che cos'è un'equazione?

equazione: $5x + 1 = 6$ — x è l'incognita

$x = 1$ — soluzione: $5 \cdot 1 + 1 = 6$

grado dell'equazione: $3x^2 - 2 = 0$ — equazione in forma normale

Un'**equazione** è un'uguaglianza fra due espressioni letterali per la quale ci chiediamo se esistono valori (**soluzioni**) che, sostituiti a una o più lettere (**incognite**), la rendono vera.

Un'equazione è in **forma normale** se è scritta come un polinomio uguagliato a zero. In questa forma, il **grado** dell'equazione è il grado del polinomio ridotto. Un'equazione è **lineare** se è di primo grado.

PROVA SUBITO Quale dei valori scritti in rosso è soluzione dell'equazione $x - 3 = 0$? $\quad x = 3, \quad x = 2$.
Qual è il grado dell'equazione?

Diversi tipi di equazioni

intera: $\frac{5}{2}x + 3 = x$

fratta: $\frac{6}{x} = 2 + x$ — incognita al denominatore

numerica: $\frac{3}{5}x = x - 1$

letterale $x - 3a = 4x$ — parametro: lettera che non è l'incognita

Un'equazione è:

- **intera** se non ci sono incognite al denominatore;
- **fratta** se c'è almeno un'incognita al denominatore;
- **numerica** se i coefficienti sono numeri;
- **letterale** se nei coefficienti c'è un *parametro*, lettera diversa dall'incognita.

PROVA SUBITO Indica tra le seguenti l'equazione fratta e quella letterale.

$3x + \frac{5}{2} = 0; \quad \frac{5}{7}x + 1 = x; \quad \frac{7}{x} = 1; \quad \frac{3ax}{2} + 1 = 0.$

Equazioni determinate, indeterminate, impossibili

determinata: $5x = 15 \longrightarrow S = \{3\}$ numero finito di soluzioni

indeterminata: $x^0 = 1 \longrightarrow S = \mathbb{R} - \{0\}$ infinite soluzioni

impossibile: $x^2 = -4 \longrightarrow S = \varnothing$ nessuna soluzione

Un'equazione è:
- **determinata** se ha un numero finito di soluzioni;
- **indeterminata** se ha infinite soluzioni;
- **impossibile** se non ha soluzioni.

PROVA SUBITO Indica quale delle equazioni $x^2 = -3$, $2x = 6$, $0x = 0$ è determinata, quale indeterminata e quale impossibile.

Esercizi

Quali delle seguenti equazioni sono impossibili?

Il quadrato di un numero è sempre positivo o nullo. Il cubo invece può essere anche negativo.

1 $3x = 3 - 3$

2 $7 = 0x$

3 $x^3 = -8$

4 $x^2 + 9 = 0$

Quali delle seguenti equazioni nell'incognita *x* sono letterali?

5 $3x - c = \frac{7}{2}$

6 $\frac{x}{2} + 7 = 1 - x$

7 $a = 2(x + 1)$

Quali delle seguenti equazioni sono fratte?

8 $2 = \frac{5}{x} + 1$

9 $\frac{x - 1}{2} = \frac{2 + x}{5}$

10 $\frac{1}{x} + 4 = \frac{3}{x}$

11 **ESERCIZIO GUIDA**

Verifichiamo che $x = -2$ è soluzione di $2x + 6 = -x$.

Come si risolve

Sostituiamo -2 a x nel primo membro, cioè l'espressione a sinistra dell'uguale:
$2 \cdot (\mathbf{-2}) + 6 = -4 + 6 = \mathbf{2}$.

e nel secondo membro, a destra dell'uguale:
$-(\mathbf{-2}) = \mathbf{2}$.

I valori del primo e del secondo membro sono uguali: -2 è soluzione.

12 Per quali delle seguenti equazioni $x = 2$ è soluzione?

a. $x + 4 = 6$
b. $-2x + 1 = 3$
c. $3x + 2 = 3 + 2x$
d. $(x + 1)^2 = 7 + x$
e. $(x + 1)^2 = x + 1$
f. $(x - 1)^2 = x - 1$

13 Riconosci le equazioni scritte in forma normale e, fra di loro, quelle lineari.
$x - 5 = 0$; $4x^2 = x - 1$; $5x^3 + 2x = 0$; $-3 + 5x = 0$; $\frac{2}{3}x^4 = 1$.

2 Principi di equivalenza

Primo principio di equivalenza

equivalenti (primo principio di equivalenza)

$5-3x=1+2x$ $\quad$ $5-3x-\mathbf{2x}=1+2x-\mathbf{2x}$

$5x+\mathbf{2}=x$ $\quad$ $5x=x-\mathbf{2}$

equivalenti (regola del trasporto)

$x+\mathbf{3}=1-2x+\mathbf{3}$ $\quad$ $x=1-2x$

equivalenti (regola di cancellazione)

Data un'equazione, ne otteniamo una equivalente se aggiungiamo o sottraiamo a entrambi i membri uno stesso numero o espressione letterale (**primo principio di equivalenza**).

In particolare, otteniamo un'equazione equivalente se:
- *trasportiamo* un termine da un membro all'altro cambiandogli segno;
- *cancelliamo* in entrambi i membri i termini uguali.

PROVA SUBITO Determina la soluzione dell'equazione $2x=5+x$ applicando il primo principio di equivalenza.

Secondo principio di equivalenza

equivalenti (secondo principio di equivalenza)

$\frac{2}{3}x+\frac{8}{3}=\frac{4}{3}$ $\xrightarrow{\cdot 3}$ $2x+8=4$ $\xrightarrow{:2}$ $x+4=2$

$\cdot$ mcm (3, 4, 2) = 12

$\frac{x}{3}+\frac{1}{4}=\frac{x}{2}+2$ $\quad$ $4x+3=6x+24$

equivalenti (secondo principio di equivalenza)

$\cdot(-1)$

$-2x+7=-3$ $\quad$ $+2x-7=+3$

equivalenti (regola del cambiamento di segno)

Data un'equazione, ne otteniamo una equivalente se moltiplichiamo o dividiamo entrambi i membri per uno stesso numero o espressione letterale diversi da zero (**secondo principio di equivalenza**).

In particolare, otteniamo un'equazione equivalente se *cambiamo segno* a tutti i suoi termini.

PROVA SUBITO Applica il secondo principio di equivalenza all'equazione $\frac{1}{3}x-\frac{1}{4}=\frac{1}{6}$ per ottenere un'equazione equivalente con coefficienti interi.

Esercizi

Risolvi le equazioni applicando il primo principio di equivalenza. Segui le indicazioni, se le forniamo.

14 $2x-1=3+x$ sottrai x, aggiungi 1. [4]

15 $7-2x=7-3x$ aggiungi $3x$, sottrai 7. [0]

16 $5x+3=2+4x$; $\frac{2}{5}+\frac{3}{4}x=\frac{1}{5}-\frac{1}{4}x$. $\left[-1; -\frac{1}{5}\right]$

17 **Test.** Quale equazione è equivalente a $3x-2=2(x-1)$?

A $3x+2=2(x-1)$

B $3x-1=2x$

C $3x+1=2(x-1)+3$

D $3x-3=2x$

18 **ESERCIZIO GUIDA**

Risolviamo l'equazione $-2x^2+3x-7=-4+2x-2x^2$ indicando quando usiamo la regola del trasporto o la regola di cancellazione.

Come si risolve

Applichiamo la regola di cancellazione per eliminare il termine $-2x^2$ in entrambi i membri:

$-\mathbf{2x^2}+3x-7=-4+2x\mathbf{-2x^2} \rightarrow 3x-7=-4+2x.$

Usiamo la regola del trasporto per portare il termine $2x$ a sinistra dell'uguale, cambiandogli il segno:

$3x-7=-4\mathbf{+2x} \rightarrow 3x-7\mathbf{-2x}=-4 \rightarrow x-7=-4.$

Applichiamo nuovamente la regola del trasporto:

$x\mathbf{-7}=-4 \rightarrow x=-4\mathbf{+7} \rightarrow x=3.$

La soluzione dell'equazione è $x=3$.

Risolvi le seguenti equazioni. Indica quando usi la regola del trasporto e quella di cancellazione.

19 $6x-1=4+5x$ [5]

20 $-3x+x^2=10+x^2-4x$ [10]

21 $4(2+x)-3=x-2(1-x)$ [−7]

22 $-2x+1-(3-x)=4-[2(x+1)+3]$ [1]

Risolvi le equazioni applicando il secondo principio di equivalenza. Segui le indicazioni.

23 $3x=-2$ dividi per 3.

24 $-2x=-8$ dividi per -2.

25 $\frac{1}{6}=\frac{1}{12}x$ moltiplica per 12.

26 $-\frac{1}{4}x=\frac{2}{3}$ moltiplica per -4.

27 $\frac{4}{5}x=12$ moltiplica per $\frac{5}{4}$.

28 $-9x=\frac{1}{3}$ dividi per -9.

3 Equazioni numeriche intere

Risoluzione

$ax = b$	se	$a \neq 0$:	equazione determinata, $x = \frac{b}{a}$.
		$a = 0$ e $b = 0$:	equazione indeterminata.
		$a = 0$ e $b \neq 0$:	equazione impossibile.

Per **risolvere un'equazione lineare numerica intera**, svolgiamo i calcoli e applichiamo i principi di equivalenza fino a giungere alla forma $ax = b$.
Abbiamo poi i tre casi esaminati nello schema precedente.

PROVA SUBITO Risolvi: $3x = 5x - 2$; $\quad 3x + 7 = x - 9$; $\quad 7x + 3 = +6 + 7x$.

Esercizi

Risolvi le seguenti equazioni numeriche intere.

29 $6x - 3 = 3x$ [1]

30 $2x = x + 2$ [2]

31 $x + \frac{1}{4} = 3 + x$ [impossibile]

32 $5x - 4 = 2(x - 2)$ [0]

33 $3(x + 2) - x = 9 + 2x$ [impossibile]

34 $x + 1 = \frac{1}{2}(x - 2)$ [−4]

35 $x^2 - 2 = 5x + x^2$ $\left[-\frac{2}{5}\right]$

36 $(x - 2)^2 = 3 + x^2$ $\left[\frac{1}{4}\right]$

37 **Vero o falso?**

a. L'equazione $x + 2 - x = 4 - 2$ è indeterminata. V F

b. L'equazione $3(x + 2) - 3x - 6 = 0$ è impossibile. V F

c. L'equazione $7x - 3 = 7x$ è impossibile. V F

38 **ESERCIZIO GUIDA**

Risolviamo l'equazione $\frac{1}{4} - \frac{2x - 1}{3} = \frac{6 - 3x}{4}$.

Come si risolve

$\frac{1}{4} - \frac{2x - 1}{3} = \frac{6 - 3x}{4}$

mcm (4; 3) = 12: riduciamo allo stesso denominatore

$\frac{3}{12} - \frac{4(2x - 1)}{12} = \frac{3(6 - 3x)}{12}$

moltiplichiamo i due membri per 12

$3 - 4(2x - 1) = 3(6 - 3x)$

svolgiamo i calcoli

$3 - 8x + 4 = 18 - 9x$

regola del trasporto

$-8x + 9x = 18 - 3 - 4$

svolgiamo i calcoli

$x = 11$

Risolvi le seguenti equazioni numeriche intere.

39 $\frac{1-3x}{2}+\frac{2}{5}=x-\frac{3}{5}$ $\left[\frac{3}{5}\right]$

40 $\frac{1}{4}\left(\frac{2}{3}-x\right)+1=\frac{x}{3}$ $[2]$

41 $-\frac{1}{3}x+\frac{x+1}{2}=-\frac{1}{6}(2x-3)+\frac{5}{6}$ $\left[\frac{5}{3}\right]$

42 $2x-3=\frac{3}{5}(1+x)-4$ $\left[-\frac{2}{7}\right]$

43 $3-\frac{5-4x}{4}=\frac{1}{2}\left(2+\frac{x}{2}\right)$ $[-1]$

44 $\frac{1}{15}[3-4(x-1)]=\frac{1}{3}-\frac{x}{5}$ $[2]$

45 $5(3-x)-2(x+1)=-1$ $[2]$

46 $2(4-x)+10x=6-3(1+x)$ $\left[-\frac{5}{11}\right]$

47 $-6(2+x)+4(2-x)-4=-6x+8(1+x)$ $\left[-\frac{4}{3}\right]$

48 $1+(x+1)^2=x^2+2x$ [impossibile]

49 $\frac{1}{4}x(x+2)=\left(1-\frac{x}{2}\right)^2$ $\left[\frac{2}{3}\right]$

50 $\frac{3x-1}{5}-\frac{x+2}{2}=\frac{x}{10}-\frac{6}{5}$ [indeterminata]

51 $\frac{2}{3}+\frac{x+1}{5}=\frac{1-2x}{2}-\frac{x-2}{5}$ $\left[\frac{1}{42}\right]$

Equazioni e legge di annullamento del prodotto

52 **ESERCIZIO GUIDA**

Risolviamo l'equazione $(x+2)(3x-1)=0$.

Come si risolve

L'equazione è un prodotto uguagliato a 0.
Applichiamo la legge di annullamento del prodotto:
$a\cdot b=0$ se e solo se almeno uno dei fattori a e b è zero.
Quindi $(x+2)(3x-1)=0$ ha per soluzioni quelle di:

$x+2=0$ oppure $3x-1=0$, cioè

$x=-2$ oppure $x=\frac{1}{3}$.

Le soluzioni di $(x+2)(3x-1)$ sono -2 e $\frac{1}{3}$.

Risolvi le seguenti equazioni.

53 $(2x+1)(x-7)=0$

54 $(x-3)(4x+3)=0$

55 $\left(2-\frac{x}{3}\right)(1+x)=0$

56 $(5x+10)\left(\frac{1}{2}-2x\right)=0$

57 $\left(3x+\frac{1}{4}\right)\left(\frac{x}{2}+1\right)=0$

58 $(4x+1)(3x+2)\left(1-\frac{x}{4}\right)=0$

4 Equazioni e problemi

incognita x (numero naturale)

Cerchiamo il numero naturale che aggiunto al suo triplo dà 20. ⟵ problema

equazione risolvente ⟶ $x+3x=20 \rightarrow 4x=20 \rightarrow x=5$ ⟵ soluzione

La soluzione 5 è un numero naturale, quindi accettabile. ⟵ controllo della soluzione

Ci sono problemi che possono essere risolti traducendoli in un'equazione, detta **equazione risolvente**.

PROVA SUBITO Scrivi un problema che ha per equazione risolvente $x-2=7$.

Esercizi

Problemi con i numeri

59 **ESERCIZIO GUIDA**

Risolviamo il seguente problema.
«Trova il numero naturale tale che il suo doppio sommato alla sua metà sia 9.»

Come si risolve

Traduciamo la frase in un'equazione chiamando x il numero *naturale* cercato.

$$2\cdot x+\frac{x}{2}=9$$

...il suo doppio... ($2\cdot x$) ...sommato... ($+$) ...alla sua metà... ($\frac{x}{2}$) ...sia 9... ($=9$)

Risolviamo l'equazione risolvente:

$2x+\frac{x}{2}=9 \rightarrow \frac{4x+x}{2}=9 \rightarrow 5x=18 \rightarrow x=\frac{18}{5}$.

La soluzione *non* è accettabile perché x deve essere un numero naturale.

Risolvi i seguenti problemi.

60 Trova un numero naturale tale che il suo triplo diminuito della sua terza parte sia 16. [6]

61 Trova due numeri naturali tali che la loro somma sia 20 e la differenza 8. [14; 6]

62 Trova due numeri naturali tali che la loro somma sia 12 ed uno sia il doppio dell'altro. [4; 8]

63 Trova due numeri naturali tali che uno sia il triplo dell'altro e la loro differenza sia 10. [5; 15]

Problemi di geometria

64 **ESERCIZIO GUIDA**

La somma dei lati di un rettangolo è 7 cm e uno supera l'altro di 3 cm.
Calcoliamo l'area del rettangolo.

Come si risolve

Chiamiamo x la misura del lato minore. Allora la misura del lato maggiore è $x+3$.
Mediante la relazione della somma scriviamo l'equazione risolvente:

$(x+3)+x=7$.

Risolviamo:

$x+3+x=7 \rightarrow 2x=4 \rightarrow x=2$.

Se $x=\mathbf{2}$, allora $\mathbf{x}+3$ è $\mathbf{2}+3=5$.
I due lati sono lunghi 2 cm e 5 cm. L'area è quindi 10 cm^2.

65 ●○ Determina l'ampiezza di un angolo, sapendo che supera di 30° quella del suo supplementare. [105°]

66 ●○ Nel triangolo *ABC*, rettangolo in *A*, l'ampiezza di $\widehat{B}$ è cinque volte quella di $\widehat{C}$. Calcola le ampiezze degli angoli del triangolo *ABC*. [90°; 75°; 15°]

67 ●○ In un triangolo isoscele i due lati congruenti sono il doppio del terzo. Il perimetro del triangolo è 5 cm. Calcola la lunghezza dei lati. [1 cm; 2 cm; 2 cm]

68 ●● In un trapezio di area 50 cm^2, la base maggiore supera la minore di 10 cm. Se l'altezza misura 5 cm, quanto sono lunghe le basi del trapezio? [5 cm; 15 cm]

69 ●● I lati di un triangolo equilatero sono lunghi il doppio di quelli di un quadrato. Il perimetro del triangolo supera quello del quadrato di 2 cm. Determina la lunghezza dei lati delle due figure. [2 cm; 1 cm]

Problemi intorno a noi

70 ●○ **Golosità per Natale** Carlo riceve per Natale una scatola di cioccolatini. Lo stesso giorno ne mangia i $\frac{2}{3}$ e ne offre 2 a sua sorella. Se avanzano 4 cioccolatini, quanti ne conteneva inizialmente la scatola? [18]

71 ●○ **Da fuori città** In 1ªB metà degli studenti abita nella stessa provincia della scuola ma fuori dal comune, $\frac{1}{6}$ abita fuori provincia e 8 vivono nello stesso comune. Quanti sono gli studenti della 1ªB? [24]

72 ●○ **Genitori giovani** La figlia di Francesco ha 26 anni meno di lui e la somma delle loro età è 50 anni. Quanti anni hanno Francesco e sua figlia? [38; 12]

73 ●○ **Rock, jazz, ...** Nella collezione di CD di Veronica, i $\frac{3}{5}$ sono di musica rock, $\frac{1}{4}$ di musica jazz e 18 di altri generi. Quanti CD ha Veronica? [120]

5 Equazioni numeriche fratte

$\frac{1}{3x}=\frac{1}{x+2}$ — Poniamo le condizioni di esistenza: **C.E.**: $x \neq 0$ e $x \neq -2$.

...

... risolviamo con i principi di equivalenza

$x=1$

1 soddisfa le **C.E.**: soluzione accettabile — controlliamo

Per risolvere un'equazione numerica fratta, poniamo le condizioni di esistenza delle frazioni che hanno l'incognita a denominatore, poi risolviamo l'equazione e infine controlliamo se la soluzione è accettabile.

PROVA SUBITO Nell'equazione $\frac{2x}{x-2}=\frac{4}{x-2}$, $x=2$ è soluzione accettabile?

Esercizi

74 **ESERCIZIO GUIDA**

Risolviamo l'equazione $\frac{1}{x+1}+\frac{x}{2x+2}=\frac{3+x}{x+1}$.

Come si risolve

Osserviamo che $2x+2=2(x+1)$, quindi la condizione di esistenza è $x \neq -1$.
Il mcm dei denominatori è $2(x+1)$:

$\frac{2}{2(x+1)}+\frac{x}{2(x+1)}=\frac{2(3+x)}{2(x+1)}$.

Per il secondo principio possiamo moltiplicare entrambi i membri per $2(x+1) \neq 0$ (per la **C.E.**):

$2+x=2(3+x) \rightarrow 2+x=6+2x \rightarrow -x=4 \rightarrow x=-4$.

$x=-4$ soddisfa la **C.E.**, quindi è una soluzione accettabile.
L'equazione è determinata, con soluzione $x=-4$.

Risolvi le seguenti equazioni.

75 $\frac{1}{x+1}=\frac{4-3x}{x+1}$ [1]

76 $\frac{2x+1}{x-3}+\frac{7}{3-x}=0$ [impossibile]

77 $\frac{3}{x}-\frac{5-x}{x^2+x}=\frac{2}{x+1}$ [1]

78 $\frac{2x-1}{x+3}+\frac{3x+7}{3x+9}=\frac{5}{x+3}$ $\left[\frac{11}{9}\right]$

79 $\frac{2x+1}{4x-4}=\frac{3-x}{3x-3}$ $\left[\frac{9}{10}\right]$

80 $\frac{x+2}{x+1}=\frac{4+x}{x-2}$ $\left[-\frac{8}{5}\right]$

ESERCIZI DI RIEPILOGO EQUAZIONI LINEARI

Risolvi le seguenti equazioni numeriche intere.

1 $-3(2x-1)+15x=4(1+3x)$ $\left[-\frac{1}{3}\right]$

2 $4(1-x)=3[x+2(3+x)]+x$ $[-1]$

3 $-5[2x+3(1-x)]=3x+2[3x-2(x+1)]$ [impossibile]

4 $2x^2-x-3=2x(x-1)+3-x$ $[3]$

5 $(x+1)(x-1)=(x+2)^2$ $\left[-\frac{5}{4}\right]$

6 $\frac{1-x}{4}-\frac{4x+1}{3}+\frac{1}{12}=-2x$ $[0]$

7 $\frac{2-x}{3}=\frac{1}{6}-\frac{1-x}{2}+2\left(1+\frac{x}{4}\right)$ $\left[-\frac{3}{4}\right]$

8 $5x-\frac{1}{4}[3(1-2x)+x]=1-\frac{1}{2}x$ $\left[\frac{7}{27}\right]$

9 $\frac{x^2}{5}+\frac{3}{10}(x+3)=\frac{1}{2}x+\frac{x}{5}(x-1)+\frac{9}{10}$ [indeterminata]

10 Quale valore devi dare ad a affinché l'equazione $3x+4=a+2x$ abbia come soluzione $x=1$? $[5]$

11 **Completa.** Considera l'equazione $(1-2k)x+3k+6=0$ nell'incognita x. La soluzione dell'equazione è $x=-1$ quando $k=$ ☐. $[-1]$

12 La differenza di due segmenti è il doppio della lunghezza del secondo segmento. Se il primo misura 6 cm, quanto è lungo il secondo segmento? [2 cm]

13 In un triangolo ABC la somma di $\widehat{A}$ e $\widehat{B}$ è i $\frac{2}{3}$ di $\widehat{C}$, e $\widehat{A}$ supera $\widehat{B}$ di 36°. Determina $\widehat{A}$, $\widehat{B}$, $\widehat{C}$. [54°; 18°; 108°]

14 In un rettangolo la base supera l'altezza di 2 cm, e il perimetro è la metà di quello di un triangolo equilatero di lato 16 cm. Qual è l'area del rettangolo? [35 cm^2]

15 **Ne manca uno** Giada ha svolto a scuola metà degli esercizi assegnati e a casa i $\frac{2}{5}$. Se le resta da svolgere solo un esercizio, quanti erano in tutto gli esercizi assegnati? [10]

16 **Età ed equazioni** Alessandro è nato nel 2001 e Michele nel 1995. In che anno l'età di Alessandro è stata $\frac{1}{3}$ di quella di Michele? [2004]

Risolvi le seguenti equazioni numeriche fratte.

17 $\frac{5x}{2x-4}=\frac{7-x}{x-2}$ [impossibile]

18 $\frac{4}{3x-1}-\frac{2x+1}{1-3x}=0$ $\left[-\frac{5}{2}\right]$

19 $\frac{6}{x}+\frac{4-3x}{x^2}=\frac{5}{x}$ $[2]$

20 $\frac{2x+4}{x-1}-\frac{5+2x}{x+3}=0$ $\left[-\frac{17}{7}\right]$

CAPITOLO

9 DISEQUAZIONI LINEARI

1 Disequazioni

Disuguaglianze e loro proprietà

$3 < 7 \nearrow 3+2 < 7+2 \rightarrow 5 < 9$ $3 < 7 \searrow 3-1 < 7-1 \rightarrow 2 < 6$ ↑ disuguaglianza	$2 \cdot 3 < 4 \cdot 3 \rightarrow 6 < 12$ $2 < 4 \nearrow 2:2 < 4:2 \rightarrow 1 < 2$ $2 < 4 \searrow 2 \cdot (-3) > 4 \cdot (-3) \rightarrow -6 > -12$ $2:(-2) > 4:(-2) \rightarrow -1 > -2$ ↑ disuguaglianza

Se ai due membri di una disuguaglianza **sommiamo** o **sottraiamo** uno stesso numero, otteniamo una disuguaglianza con *lo stesso verso*.

Se **moltiplichiamo** o **dividiamo** i due membri di una disuguaglianza per un numero:

- *positivo*, otteniamo una disuguaglianza con *lo stesso verso*;
- *negativo*, otteniamo una disuguaglianza con *verso contrario*.

PROVA SUBITO Scrivi la disuguaglianza che si ottiene:

a. sommando 3 ai membri di $4 < 10$;

b. moltiplicando per -2 i membri di $\frac{1}{4} > \frac{1}{8}$.

Che cos'è una disequazione?

$10-3>5 \rightarrow 7>5$

↓

$x-3>5$ $\quad$ $x=10$ è **una** soluzione.

$x=0$ non è una soluzione.

↑

$0-3>5$, falso!

Una **disequazione** è una disuguaglianza fra due espressioni letterali per la quale cerchiamo i valori che, sostituiti a una o più lettere, rendono vera la disuguaglianza stessa.

PROVA SUBITO Trova tre soluzioni della disequazione: $2x-1>0$.

Rappresentazione delle soluzioni

Intervallo limitato	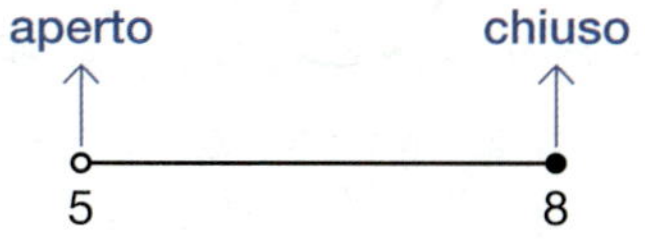	aperto: $5 < x \leq 8$ $]5; 8]$ chiuso
Intervallo illimitato, chiuso a sinistra	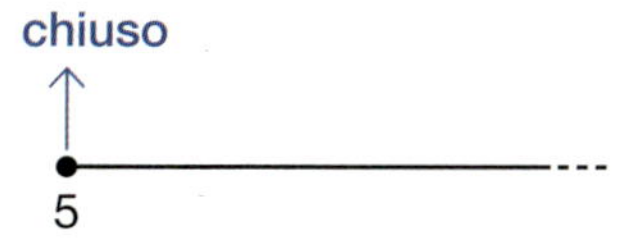	chiuso: $x \geq 5$ $[5; +\infty[$
Intervallo illimitato, aperto a destra	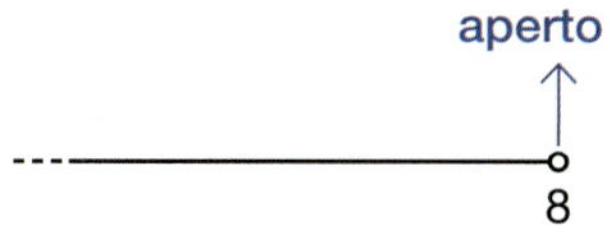	aperto: $x < 8$ $]-\infty; 8[$

Per scrivere o rappresentare graficamente le soluzioni di una disequazione sono spesso necessari intervalli di numeri reali. Un intervallo può essere:

- **illimitato** se è costituito da tutti i numeri che precedono o seguono un certo numero;
- **limitato** se è formato da tutti i valori compresi fra due numeri.

PROVA SUBITO Rappresenta negli altri due modi possibili i seguenti intervalli e indica se sono limitati o illimitati, aperti o chiusi:

$-1 \leq x \leq 3$; ; $\left]-\frac{1}{3}, -\frac{1}{4}\right[$; $]-\infty; 11]$.

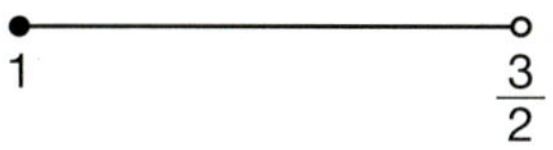; 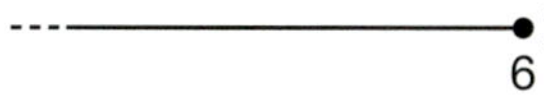; $]2; +\infty[$; $[-2; 5]$.

Diversi tipi di disequazioni

Letterale intera: $4x - 2 > a$ ← parametro	**Numerica fratta:** $\frac{2}{3x} < 1 - x$ ← incognita al denominatore

Una disequazione è:

- **intera** se l'incognita non compare ai denominatori, altrimenti è **fratta**;
- **numerica** se non contiene altre lettere oltre all'incognita, altrimenti è **letterale** e, in questo caso, le altre lettere sono i *parametri* dell'equazione.

PROVA SUBITO Indica per ognuna delle seguenti disequazioni se è intera o fratta e se è numerica o letterale.

$3 < 1 + \frac{1}{x}$; $x + 1 > 0$; $2x + a > 0$; $\frac{1}{2}x + 2 > x$.

$ax + 1 > 0$; $\frac{1}{a} + x \leq 0$; $\frac{1}{2x+1} \geq -1$; $\frac{3}{x} < a + 1$.

Esercizi

1 **Test.** Quale delle seguenti operazioni cambia il verso della disuguaglianza $5 > -3$?

- A Moltiplicare i due membri per 4.
- B Sottrarre $\frac{1}{5}$ ai due membri.
- C Dividere i due membri per -2.
- D Sommare -4 ai due membri.

2 **Test.** Se $a > b$ e $a, b \in \mathbb{N}$, quali delle seguenti affermazioni è falsa?

A $a+1 > b+1$ B $a^{-1} > b^{-1}$ C $\frac{1}{3}a > \frac{1}{3}b$ D $-a < -b$

3 **Completa** con il simbolo di disuguaglianza opportuno.

a. 10^{-2} [>] 10^{-3} **b.** $\frac{2}{3}$ [ ] $\frac{1}{4}$ **c.** $-\frac{1}{2}$ [ ] $-\frac{1}{5}$ **d.** π [ ] 0

4 Quali delle seguenti disuguaglianze sono disequazioni?

a. $12x+1 > 3$ **b.** $6 < 20$ **c.** $12+5 < 31$ **d.** $x-4 < \frac{1}{3}$

5 **ESERCIZIO GUIDA**

Verifica che $x = 4$ è soluzione di:

$\frac{1}{2}x + 3 < 6$.

Come si risolve

Sostituiamo il valore $x = 4$ nella disequazione. Otteniamo:

$$\frac{1}{2} \cdot 4 + 3 < 6 \rightarrow 2 + 3 < 6 \rightarrow 5 < 6.$$

Allora $x = 4$ è la soluzione.

6 **Test.** Quale delle seguenti disequazioni ha $x = 3$ come soluzione?

A $-2x > 0$ B $7 > x$ C $x < 1$ D $\frac{1}{6}x < \frac{1}{5}$

7 **Test.** Quale dei seguenti valori è soluzione di $4x - 2 > x$?

A $x = \frac{1}{4}$ B $x = 1$ C $x = -1$ D $x = -4$

8 **Vero o falso?**

a. Il valore $b = 3$ è soluzione di $4b - 3 > 0$. V F

b. Il valore $b = -2$ non è soluzione di $b + 1 < 6$. V F

c. Il valore $b = 0$ è soluzione di $\frac{1}{4} + \frac{1}{3}b > 5$. V F

d. Il valore $b = -\frac{1}{2}$ è soluzione di $2b - 1 < -3$. V F

9 Due dei seguenti intervalli si sovrappongono. Quali?

a. $]-10; 4]$ **b.** $x < -11$ **c.** $[16; \infty]$ **d.** $-3 \leq x \leq 11$

10 **Vero o falso?**

a. L'intervallo $]-5; 3]$ è aperto a destra. V F

b. La notazione $x > 3$ è equivalente a $[-\infty; 3]$. V F

c. Gli intervalli $[0; 8]$ e $x < 10$ si sovrappongono. V F

d. Il valore -1 è incluso nell'intervallo $\left]-\frac{7}{2}; -1\right[$. V F

11 **Completa** con «aperto» o «chiuso».

a. L'intervallo $]-10; 10]$ è aperto a sinistra e ______ a destra.

b. L'intervallo $]6; 13[$ è ______ a sinistra e ______ a destra.

c. L'intervallo $[-\pi; \pi]$ è ______ a sinistra e ______ a destra.

d. L'intervallo $\left[-\frac{1}{3}; \frac{1}{3}\right[$ è ______ a sinistra e ______ a destra.

12 Quale delle seguenti scritture non rappresenta lo stesso intervallo delle altre due?

a. $x \geq 4$; b. $[4; \infty]$; c. $x > 4$.

13 I seguenti intervalli sono limitati o illimitati?

a. $x \leq 10^3$; b. $\left[\frac{1}{4}; \frac{3}{4}\right]$; c. $-16 < x < -12$; d. $]-1; \pi[$.

14 **Test.** In quale caso le due scritture non descrivono lo stesso intervallo?

A $x \geq 5$ e $[5; +\infty[$.

B $x < -2 \vee x \geq 0$ e $]-\infty; -2[\cup [0; +\infty[$.

C $1 \leq x \leq 7$ e $[1; 7]$.

D $x > \pi$ e $]\pi; +\infty[$.

15 **Indica** se ognuna delle seguenti equazioni è numerica o letterale.

a. $2x + \frac{1}{5} > 0$ b. $a + \frac{1}{3}x < 2x$ c. $\frac{1}{3b} + 5 > x$ d. $\frac{x}{9} < 9 - x$

16 **Test.** Quale delle seguenti disequazioni è fratta?

A $\frac{2}{5x} + 4 < 3x$ B $y - 2 > \frac{1}{7}y$ C $\frac{z}{4} + \frac{z}{5} < 0$ D $2q < q + \frac{5}{9}$

17 Le seguenti disequazioni nell'incognita x sono numeriche. **Vero o falso?**

a. $b < 3x + \frac{1}{6}$ V F

b. $\frac{1}{3}x + 12 > c + d$ V F

c. $x - 4^{-2} < 0$ V F

d. $2x < x + 16$ V F

18 **Test.** Quale delle seguenti affermazioni sulla disequazione $2x - 3 < \frac{1}{5}$ è corretta?

A È letterale perché x è una lettera.

B È fratta perché $\frac{1}{5}$ è una frazione.

C Non è né letterale né fratta.

D È numerica perché oltre alle lettere ci sono anche i numeri.

2 Principi di equivalenza

Primo principio di equivalenza

primo principio di equivalenza

$2x-3>6 \quad \curvearrowright \quad 2x-3+3>6+3$

equivalenti $2x-3>6 \rightarrow 2x>9$

Aggiungendo o **sottraendo** ai due membri di una disequazione uno stesso numero, otteniamo una disequazione equivalente.

PROVA SUBITO Determina la soluzione della disequazione $x-2>0$ applicando il primo principio di equivalenza.

Secondo principio di equivalenza

secondo principio di equivalenza

$3x-9<6 \quad \curvearrowright \quad (3x-9):3<6:3$

equivalenti $3x-9<6 \rightarrow x-3<2$

Moltiplicando o **dividendo** i due membri di una disequazione per uno stesso numero diverso da 0, otteniamo una disequazione equivalente con lo *stesso verso* se il numero è *positivo*, con *verso contrario* se è *negativo*.

PROVA SUBITO Applica il secondo principio di equivalenza alla seguente disequazione per ottenere una disequazione equivalente con coefficienti naturali.

$5x+\frac{1}{4}>3$

Esercizi

Usa il secondo principio di equivalenza per trasformare ognuna delle seguenti frazioni in una equivalente con coefficienti interi.

Moltiplica entrambi i membri delle disequazioni per il minimo comune multiplo dei denominatori.

19 $x+\frac{1}{3}<\frac{x-2}{6}$

20 $\frac{1}{4}>\frac{3}{8}-\frac{x}{6}$

21 $-\frac{1}{20}>3x-\frac{1}{5}$

22 **Test.** Quale delle seguenti disequazioni non è equivalente a $\frac{1}{4}x+2<3$?

A $\frac{1}{4}x<5$ B $-\frac{1}{2}x-4>-6$ C $\frac{1}{4}x<1$ D $x+8<12$

3 Disequazioni numeriche intere

$4x > 2 \rightarrow x > \frac{2}{4} \rightarrow x > \frac{1}{2}$ → disequazione determinata

$0x > -2 \rightarrow \nexists x$ → disequazione impossibile

$0x < 3 \rightarrow \forall x$ → disequazione sempre verificata

Per **risolvere una disequazione di primo grado numerica intera**, usiamo i principi di equivalenza fino a giungere a una delle seguenti forme:

$ax < b$; $ax \leq b$; $ax > b$; $ax \geq b$.

Per l'insieme delle soluzioni abbiamo i tre casi esaminati nello schema precedente. Ricorda che se $a < 0$, dividendo per a, devi cambiare verso alla disequazione.

PROVA SUBITO Risolvi la disequazione numerica intera $x+7 > 5x-2$.

Esercizi

23 ●○ **Completa** con le parole «illimitato», «impossibile» o «sempre verificata».

a. La disequazione $0x < -2$ è ______.

b. L'intervallo delle soluzioni di $-7x+1 < 3$ è ______.

c. La disequazione $0x > -10$ è ______.

24 **ESERCIZIO GUIDA**

Risolvi la disequazione $\frac{1}{4}(x+1) > -2$.

Come si risolve

Applichiamo il secondo principio di equivalenza e moltiplichiamo entrambi i membri per 4:

$\frac{1}{4}(x+1) \cdot 4 > -2 \cdot 4 \rightarrow x+1 > -8.$

Applichiamo il primo principio di equivalenza sottraendo 1 ai due membri:

$x+1-1 > -8-1 \rightarrow x > -9.$

L'intervallo di soluzioni della disequazione di partenza è quindi $x > -9$.

Risolvi le seguenti disequazioni applicando i principi di equivalenza. Rappresenta la soluzione come un intervallo sulla retta orientata.

25 ●○ $3x-2 < \frac{1}{4}+x$ $\left[x < \frac{9}{8}\right]$

26 ●○ $\frac{x}{2}+x > x$ $[x > 0]$

27 ●○ $6-3x+x^2 > 10+x^2$ $\left[x < -\frac{4}{3}\right]$

28 ●● $\frac{x+1}{2} > -\frac{3}{4}$ $\left[x > -\frac{5}{2}\right]$

29 ●● $2x^3+2x-x^3-4 < 8+x^3$ $[x < 6]$

30 ●● $\frac{x+1}{2} \leq 2$ $[x \leq 3]$

31 ●● $x-\frac{8}{3} > 2x+\frac{1}{3}$ $[x < -3]$

32 ●● $\frac{1+x}{4}-1 \geq 2$ $[x \geq 11]$

33 ●● **Test.** Quale delle seguenti disequazioni è impossibile?

A $3(z+1)>z$ B $\frac{1}{3}<3\left(m-\frac{1}{9}\right)$ C $2x>2x+6$ D $3y-7<y-3$

34 ●● **Vero o falso?**

a. La disequazione $3x>7+3x$ è sempre verificata. V F

b. L'intervallo delle soluzioni di $x+3<x+1$ è illimitato. V F

c. La disequazione $5\left(x+\frac{1}{5}\right)<5x$ è impossibile. V F

d. Le soluzioni di $(x-1)^2<x^2$ sono i numeri reali maggiori o uguali a $\frac{1}{2}$. V F

Risolvi le seguenti disequazioni.

35 ●○ $3(x+2)\le\frac{x}{4}$ $\left[x\le-\frac{24}{11}\right]$

36 ●○ $(x+2)^2\ge x^2$ $[x\ge-1]$

37 ●○ $\frac{x+10}{2}>\frac{x}{2}$ $[\forall x\in\mathbb{R}]$

38 ●● $\frac{1}{2}(6x+1)>x$ $\left[x>-\frac{1}{4}\right]$

39 ●○ $\frac{x}{5}<1-\left(\frac{4}{5}x-2\right)$ $[x<3]$

40 ●○ $(x-1)(x+1)>x^2+1$ [impossibile]

41 ●○ $\frac{1}{4}-\frac{9-x}{8}\le-\frac{1}{8}+\frac{x}{4}$ $[x\ge-6]$

42 ●○ $3(2x+1)\ge-2(x+4)-5$ $[x\ge-2]$

43 ●○ $(x+1)^2-x(x+3)<0$ $[x>1]$

44 ●○ $\frac{x-7}{2}-\frac{1-2x}{3}\ge x$ $[x\ge23]$

45 ●○ $(3x-2)^2<(3x-1)(3x+1)$ $\left[x>\frac{5}{12}\right]$

46 ●○ $3[-(1+x)+5x]\le x+2(1-x)$ $\left[x\le\frac{5}{13}\right]$

47 ●○ $\frac{3}{5}\left[1-\frac{1}{2}(x+2)\right]\ge\frac{x+3}{10}$ $\left[x\le-\frac{3}{4}\right]$

Traduci in una disequazione le frasi seguenti.

48 ●○ Il doppio di un numero non è inferiore a 12.

49 ●○ La terza parte del quadrato di un numero non supera il numero stesso.

Problemi

50 ●○ **Trova** i numeri naturali il cui triplo aumentato di 5 è minore di 17. [0; 1; 2; 3]

51 ●○ **Trova** i numeri naturali che sommati con il proprio successivo sono minori di 13. [0; 1; 2; 3; 4; 5]

52 ●○ **Trova** il più piccolo numero naturale pari che diminuito della propria metà è maggiore di 15. [32]

53 ●○ **Miele al kilo** Un apicoltore ha venduto, nei primi due mesi dell'anno, 188 e 230 barattoli di miele da 1 kg. Quanti barattoli dovrà vendere a marzo se vuole che la media delle vendite mensili nei primi tre mesi dell'anno superi 200? [più di 182]

54 ●○ **Shopper** Un'azienda vuole acquistare delle borse di tela con la stampa del proprio logo. Il costo di ogni borsa è € 1,2 e le spese di spedizione ammontano a € 11. Se l'azienda non può spendere più di € 200, quante borse può acquistare? [al massimo 157]

4 Sistemi di disequazioni

risolviamo ognuna delle disequazioni

$$\begin{cases} 2x>6 \\ x+1\le 5 \\ 5x-10>0 \end{cases} \rightarrow \begin{cases} x>3 \\ x\le 4 \\ x>2 \end{cases}$$

rappresentiamo gli intervalli delle soluzioni

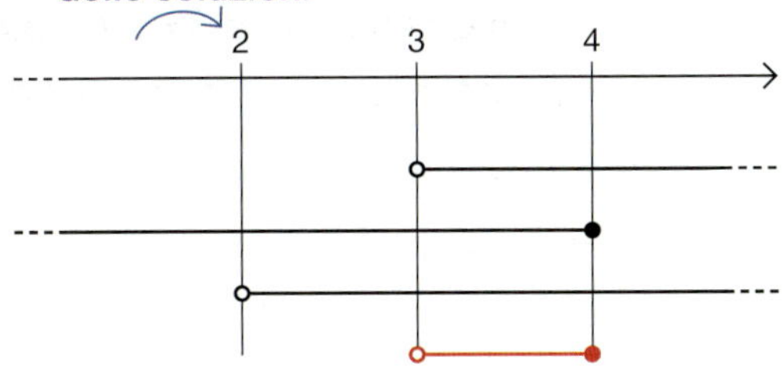

soluzione: $3<x\le 4$

soluzioni comuni a tutte le disequazioni

Un **sistema di disequazioni** è un insieme di due o più disequazioni. La soluzione del sistema è formata dalle soluzioni comuni a *tutte* le disequazioni.

PROVA SUBITO Risolvi il sistema $\begin{cases} 2x-1\ge 0 \\ x+3>2x \end{cases}$.

Esercizi

Risolvi i seguenti sistemi di disequazioni.

55 $\begin{cases} x+1>0 \\ x-5\le 0 \end{cases}$ $[-1<x\le 5]$

56 $\begin{cases} 3x-1<5 \\ x+1>-4 \end{cases}$ $[-9<x<2]$

57 $\begin{cases} 5x>7 \\ 4(x-1)>6(2-x) \end{cases}$ $\left[x>\frac{8}{5}\right]$

58 $\begin{cases} 3x-5\le 2x-1 \\ 8(x+1)\ge 40 \end{cases}$ $[x=4]$

59 $\begin{cases} 2(x+1)<x \\ 4x+1\ge -3 \end{cases}$ [impossibile]

60 $\begin{cases} \frac{1}{2}(x-4)\le\frac{3}{4}(1-x) \\ \frac{1-2x}{3}\le\frac{1}{2}x+\frac{1}{3} \end{cases}$ $\left[0\le x\le\frac{5}{11}\right]$

61 $\begin{cases} (x+3)^2\ge(x+2)(x-2)+6x \\ 5(x+3)<x-1 \end{cases}$ $[x<-4]$

62 $\begin{cases} 4x+1+3x^2\le -x(2-3x) \\ x+4<-(1-x)+2 \end{cases}$ [impossibile]

63 $\begin{cases} 3(x+2)>2(x+1)-4(5-x) \\ x\cdot(x+1)-(x+2)^2\le 0 \end{cases}$ $\left[-\frac{4}{3}\le x<8\right]$

64 $\begin{cases} x+2>-(x-1) \\ 4x-3\le 9 \\ 3(x-2)<5x-8 \end{cases}$ $[1<x\le 3]$

5 Disequazioni numeriche fratte

1.

$$\frac{3x+1}{10-2x}\le 0$$

2.

$N>0$: $3x+1>0 \rightarrow x>-\frac{1}{3}$

$D>0$: $10-2x>0 \rightarrow x<5$

3. Quadro dei segni

		$-\frac{1}{3}$		5	
N	−	0	+		+
D	+		+	0	−
$\frac{N}{D}$	−	0	+	∄	−

4.

$$\frac{N}{D}\le 0$$

$x\le -\frac{1}{3} \quad \vee \quad x>5$

soluzione

Per **risolvere una disequazione numerica fratta**:

1. la trasformiamo, con i principi di equivalenza, in **forma normale**, cioè con il termine 0 a secondo membro, come nell'esempio precedente;
2. studiamo separatamente il segno del numerratore N e del denominatore D;
3. compiliamo il quadro dei segni;
4. a seconda del verso della disequazione ($<$, $\le$, $>$ o $\ge$) scriviamo la soluzione.

PROVA SUBITO Risolvi la disequazione $\frac{2x-5}{4-2x}\ge 0$.

Esercizi

Risolvi le seguenti disequazioni fratte.

65 $\frac{2-x}{x+5}<0$ $[x<-5 \vee x>2]$

66 $\frac{3x+6}{x}\le 0$ $[-2\le x<0]$

67 $\frac{4-2x}{x+1}\le\frac{x}{2(x+1)}$ $\left[x<-1 \vee x\ge\frac{8}{5}\right]$

68 $\frac{x+4}{2-x}>\frac{5x-1}{x-2}$ $\left[-\frac{1}{2}<x<2\right]$

$\frac{5x-1}{x-2}=\frac{1-5x}{2-x}$

69 $\frac{2x+1}{5-x}<\frac{3x-4}{15-3x}$ $\left[x<-\frac{7}{3} \vee x>5\right]$

70 $\frac{x}{x+2}+1\ge\frac{5x-2}{4x+8}$ $\left[x\le-\frac{10}{3} \vee x>-2\right]$

ESERCIZI DI RIEPILOGO DISEQUAZIONI LINEARI

1 **Indica** quali delle seguenti disequazioni sono intere e quali sono fratte.
a. $\frac{1}{6}+x>2$ **b.** $3x+2>0$ **c.** $2x-\frac{1}{2x}\leq\frac{x}{2}$ **d.** $\frac{1}{3-x}<2+\frac{1}{10}$

Esegui l'operazione e scrivi la disequazione equivalente ottenuta. Quale principio di equivalenza hai applicato?

2 Sottrai $\frac{1}{4}$ ai membri di $x+\frac{1}{4}>3$.

3 Moltiplica per 6 i membri di $\frac{2}{3}x+1<\frac{x+2}{6}$.

4 Dividi per -2 i membri di $-2x-6<\frac{1}{2}$.

5 Aggiungi 3 ai membri di $\frac{6}{5}\geq x-3$.

Risolvi le seguenti disequazioni.

6 $\frac{1-x}{3}<\frac{1}{4}\left[-3+\frac{2}{3}(x+6)\right]$ $\left[x>\frac{1}{6}\right]$

7 $(x+3)^3\geq 4-x(2-x)$ $\left[x\geq-\frac{5}{8}\right]$

8 $3x\left(-x+\frac{x^2}{3}\right)+\frac{1}{5}<(x-1)^3$ $\left[x>\frac{2}{5}\right]$

9 $\frac{3}{4}[(2x-1)(2x+1)+8(x+2)]<\frac{1}{2}[6x(x-3)]$ $\left[x<-\frac{3}{4}\right]$

Risolvi i seguenti problemi di geometria.

10 Il perimetro di un quadrato supera quello di un triangolo equilatero di lato 2 cm. Quale condizione deve soddisfare il lato del quadrato affinché ciò accada?

11 Dato un triangolo di base 4 cm, quale condizione deve soddisfare l'altezza in modo che l'area sia inferiore a 10 cm^2?

12 Sono dati un pentagono regolare di lato ℓ e un rettangolo di lati ℓ e $b=3$ cm. Quale condizione deve soddisfare il valore di ℓ affinché il perimetro del pentagono sia maggiore del doppio del perimetro del rettangolo?

Risolvi i seguenti sistemi.

13 $\begin{cases}\left(x-\frac{1}{3}\right)\left(x+\frac{1}{3}\right)-2(1-x)>\left(x-\frac{1}{3}\right)^2\\ x(6-x)\geq\frac{1}{4}[(3-x)(4x+3)]\end{cases}$ $\left[x>\frac{5}{6}\right]$

14 $\begin{cases}4(x+2)<11\\ \frac{2}{3}x<\frac{5-2x}{6}\\ -1+\frac{x}{2}\geq-2x\end{cases}$ $\left[\frac{2}{5}\leq x<\frac{3}{4}\right]$

Risolvi le seguenti equazioni fratte.

15 $-3+\frac{2}{3x+5}>-\frac{5}{6x+10}$ $\left[-\frac{5}{3}<x<-\frac{7}{6}\right]$

16 $\frac{3x+1}{2x-4}+\frac{4+x}{2-x}>\frac{2}{x-2}$ $[x<2\vee x>11]$

CAPITOLO 10 RELAZIONI E FUNZIONI

1 Relazioni

Che cos'è una relazione?

$A = \{2, 4, 6, 8\}$ — insieme di partenza

$B = \{1, 2, 3, 4\}$ — insieme di arrivo

$a \in A,\ b \in B$: $a \mathscr{R} b \leftrightarrow a$ **è il doppio di** b

$\leftrightarrow$: se e solo se

$2 \mathscr{R} 1,\ 4 \mathscr{R} 2,\ \dots\ 8 \not\mathscr{R} 3,\ \dots$

$\mathscr{R}$: è in relazione con; $\not\mathscr{R}$: non è in relazione con

Dati gli insiemi A e B, diciamo che è definita una **relazione** $\mathscr{R}$ da A a B se è indicato un procedimento che associa elementi di B (**insieme di arrivo**) a elementi di A (**insieme di partenza**).

Se $a \mathscr{R} b$, diciamo che b è **immagine** di a e che a è **controimmagine** di b.

PROVA SUBITO Dati gli insiemi $A = \{1, 3, 4\}$, $B = \{2, 5, 6\}$ e la relazione $a \mathscr{R} b \leftrightarrow a + b$ è pari, con $a \in A$ e $b \in B$, completa utilizzando $\mathscr{R}$ o $\not\mathscr{R}$:

1 ☐ 2; 1 ☐ 5; 3 ☐ 5; 3 ☐ 6; 4 ☐ 2.

Rappresentazione di una relazione

$A = \{-1, 1, 2\}$, $B = \{-2, 3, 4\}$, $a \mathscr{R} b \leftrightarrow \mathbf{a \cdot b > 0}$.

Elencazione

$\mathscr{R} = \{(-1; -2), (1; 3), (1; 4), (2; 3), (2; 4)\}$

$(1; 3)$: $1 \in A,\ 3 \in B,\ 1 \cdot 3 = 3 > 0$

$(2; 4)$: $2 \in A,\ 4 \in B,\ 2 \cdot 4 = 8$

Diagramma a frecce

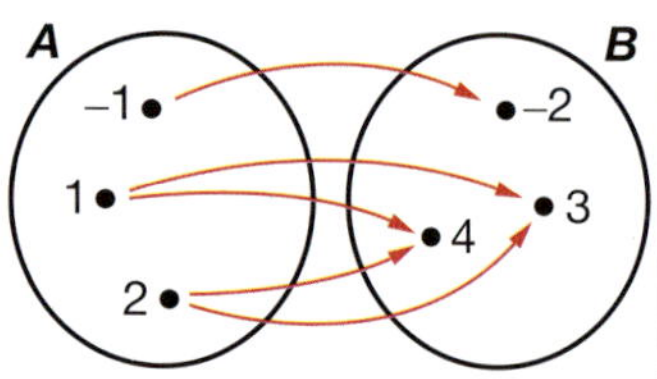

Tabella a doppia entrata

$\mathscr{R}$ (A ↓, B →)	–2	3	4
–1	X		
1		X	X
2		X	X

Diagramma cartesiano

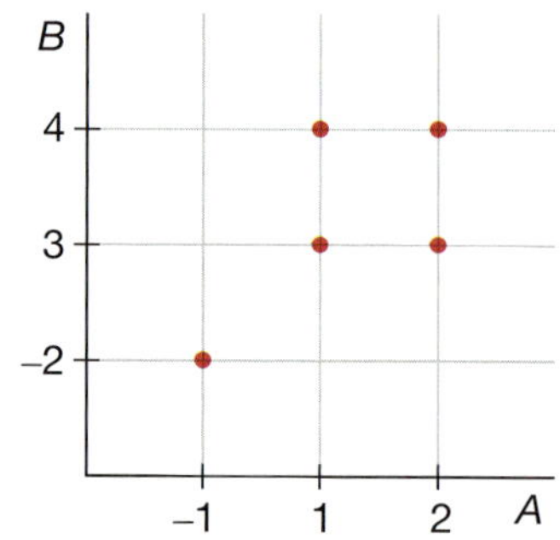

Data una relazione $\mathscr{R}$ da A a B, chiamiamo $\mathscr{R}$ l'insieme delle coppie in relazione, cioè l'insieme delle coppie ordinate $(a; b)$ con $a \mathscr{R} b$.
$\mathscr{R}$ è un sottoinsieme del prodotto cartesiano $A \times B$.

PROVA SUBITO Dati gli insiemi $A = \{1, 2, 4, 6, 10\}$, $B = \{1, 2, 3, 5\}$ e la relazione $a \mathscr{R} b \leftrightarrow b$ è divisore di a, rappresenta la relazione nei quattro modi possibili.

Esercizi

1 Considera gli insiemi $A = \{1, 2\}$ e $B = \{3, 8, 9\}$ e la relazione $\mathscr{R}$: $a \mathscr{R} b \leftrightarrow a + b = 10$.
Determina l'immagine di 1 e la controimmagine di 8.

2 Considera gli insiemi $A = \{-4, -3, -2, 0\}$ e $B = \{-2, -1, 3, 4\}$.
Rappresenta per elencazione le relazioni:
a. $a \mathscr{R} b \leftrightarrow a < b$; **b.** $a \mathscr{R} b \leftrightarrow a \geq b$; **c.** $a \mathscr{R} b \leftrightarrow a + b \geq 0$.

3 **a. Rappresenta** la seguente relazione per elencazione, con una tabella a doppia entrata e con un diagramma cartesiano.

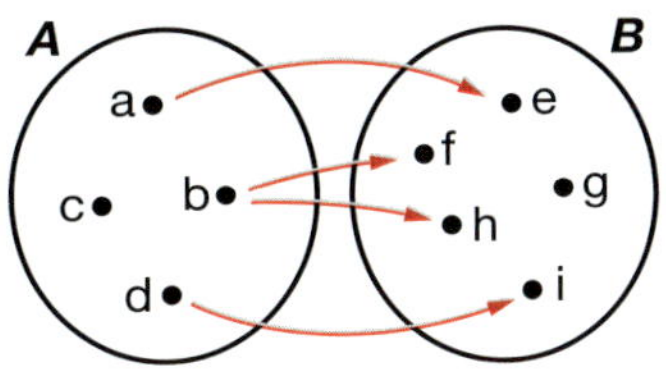

b. Rappresenta la seguente relazione per elencazione, con un diagramma a frecce e con una tabella a doppia entrata.

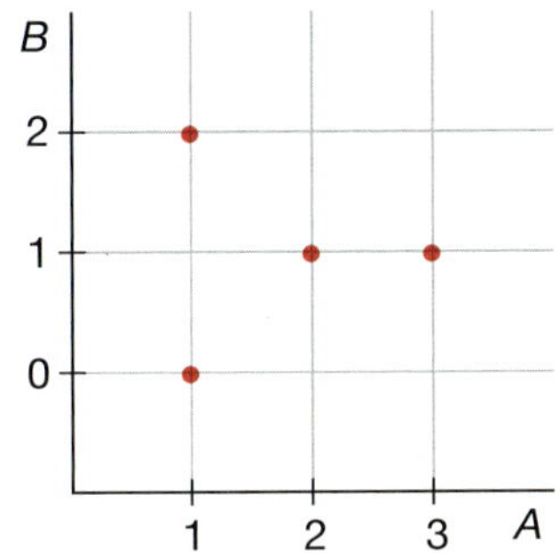

4 **Rappresenta** la relazione in tabella per elencazione e con un diagramma cartesiano.

$\mathscr{R}$	1	2	3	4
a	X		X	
b		X		
c				X

5 Considera gli insiemi $A = \{1, 3, 4\}$ e $B = \{0, 2, 3, 4\}$.
Rappresenta le seguenti relazioni in tutti i modi possibili:
a. $a \mathscr{R} b \leftrightarrow a \cdot b$ è pari; **b.** $a \mathscr{R} b \leftrightarrow a + b$ è dispari.

6 **Completa** in modo che le figure siano rappresentazioni della stessa relazione.

$\mathscr{R}$	1	2	3	4
a		X		
b			X	
c	X			
d				

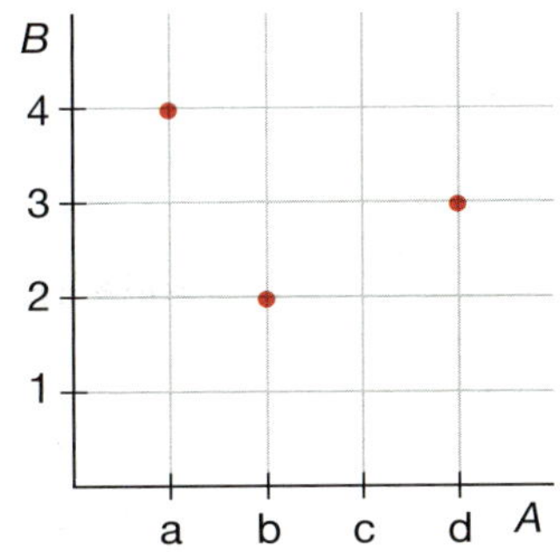

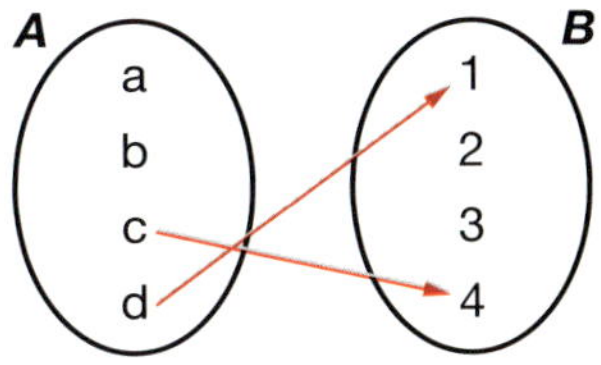

2 Funzioni

Che cos'è una funzione?

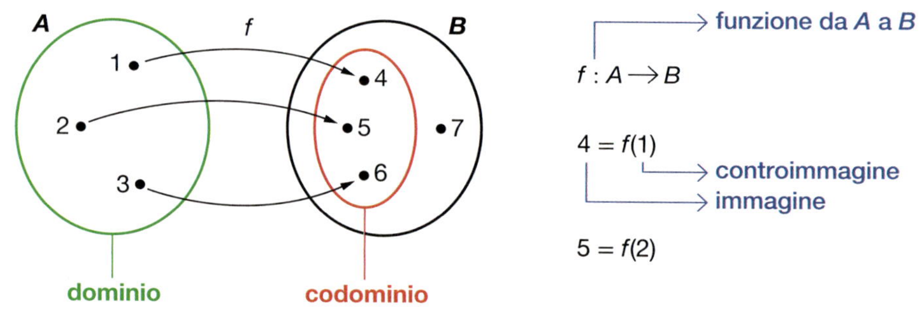

Una relazione dall'insieme A all'insieme B è una **funzione** se a **ogni** elemento di A associa **un solo** elemento di B. Se f associa a x di A un y di B, diciamo che y è **immagine** di x e x è **controimmagine** di y.

Scriviamo: $y = f(x)$.

Il **dominio** di f è A, il **codominio** di f, detto anche **insieme immagine**, è il sottoinsieme di B costituito dagli elementi che sono immagini degli elementi di A.

PROVA SUBITO Data la funzione $f: A \rightarrow B$ rappresentata, determina dominio e codominio di f. Poi scrivi l'immagine di c e la controimmagine di 2.

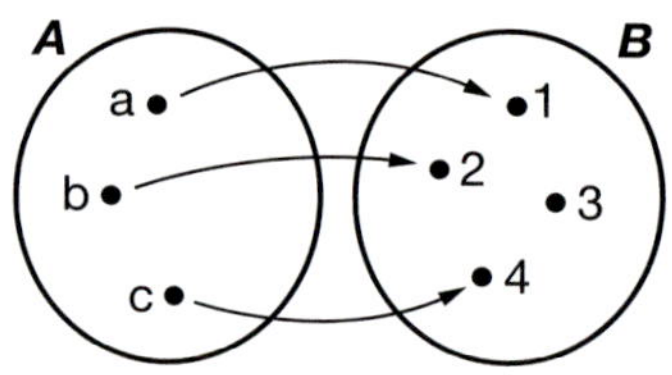

Funzioni numeriche

insiemi numerici: $f: \mathbb{N} \rightarrow \mathbb{N}$

$y = 3x + 1$ — y: variabile dipendente; x: variabile indipendente; espressione analitica $y = f(x)$

$f(\mathbf{1}) = 3 \cdot \mathbf{1} + 1 = 3 + 1 = 4, \qquad f(\mathbf{4}) = 3 \cdot \mathbf{4} + 1 = 12 + 1 = 13.$

Una **funzione numerica** è una funzione in cui dominio e codominio sono insiemi di numeri.

Se dominio e codominio sono sottoinsiemi di $\mathbb{R}$, diciamo che la funzione è una **funzione reale di variabile reale**.

La descriviamo mediante un'**espressione analitica**, cioè un'espressione algebrica che lega gli elementi del dominio a quelli del codominio.

La variabile del dominio è la **variabile indipendente**, quella del codominio è la **variabile dipendente**.

PROVA SUBITO Dati gli insiemi $A = \{1, 2, 3\}$ e $B = \{-3, -2, -1, 0, 1, 2\}$, rappresenta con un diagramma a frecce la funzione $f: A \rightarrow B$ tale che $y = 2x - 5$.

Piano cartesiano e grafico di una funzione

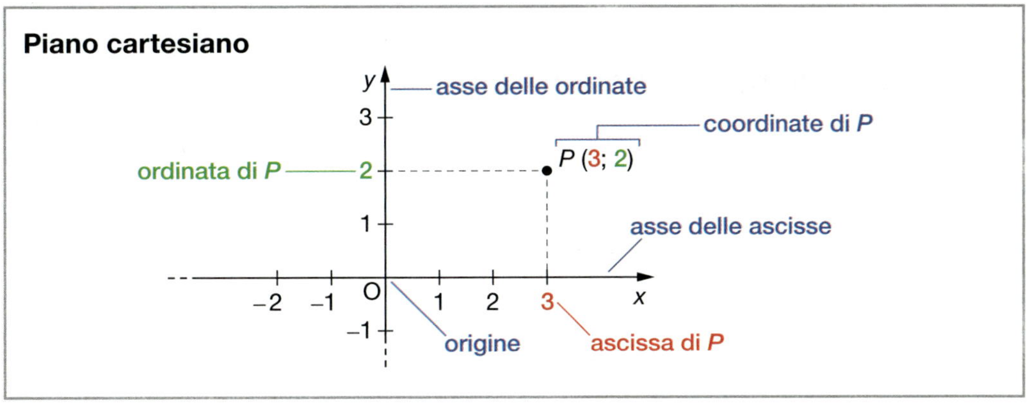

Per rappresentare una funzione reale di variabile reale utilizziamo il **piano cartesiano**.

L'**asse delle ascisse**, o **asse *x***, e l'**asse delle ordinate**, o **asse *y***, sono due rette perpendicolari e orientate che si incontrano nell'**origine *O***.

Ogni punto P del piano è individuato da una coppia ordinata $(x_P; y_P)$: x_P è l'**ascissa** di P, y_P è l'**ordinata** di P, x_P e y_P sono le **coordinate** di P. Scriviamo $P(x_P; y_P)$.

Data una funzione $y = f(x)$, il **grafico** della funzione è l'insieme di tutti i punti $P(x_P; y_P)$ tali che $y_P = f(x_P)$.

PROVA SUBITO Rappresenta nel piano cartesiano i punti:
$A(0; 1)$, $B(5; 4)$, $C(-1; 2)$, $D(2; -2)$, $E(4; 0)$.

Funzione composta e funzione inversa

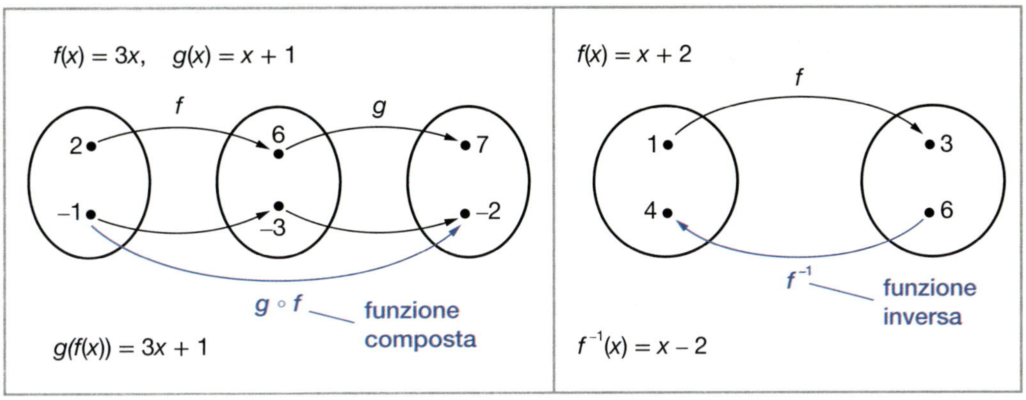

Date due funzioni f e g, la **funzione composta** $g \circ f$ si ottiene associando a ogni x del dominio di f il valore $f(x)$ e associando poi a tale valore quello che gli corrisponde mediante g:
$y = g(f(x))$.

Data una funzione f, la **funzione inversa** f^{-1} si ottiene associando a ogni elemento del codominio di f la sua controimmagine mediante f.

PROVA SUBITO Date le funzioni $f(x) = x - 1$ e $g(x) = x^2$, calcola:
$g(f(3))$, $f(g(1))$, $f^{-1}(5)$, $f^{-1}(8)$.

Esercizi

Funzioni

7 **Stabilisci** se le relazioni rappresentate sono funzioni.

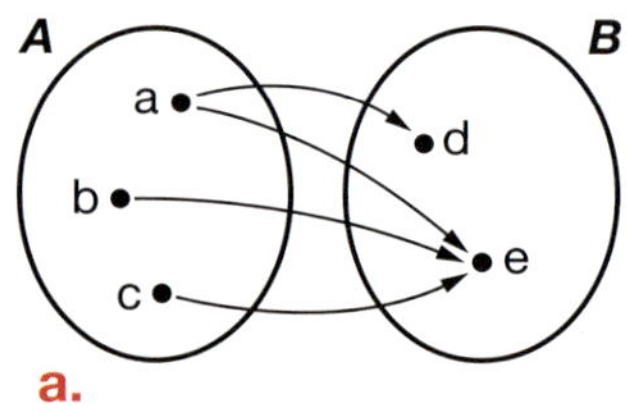

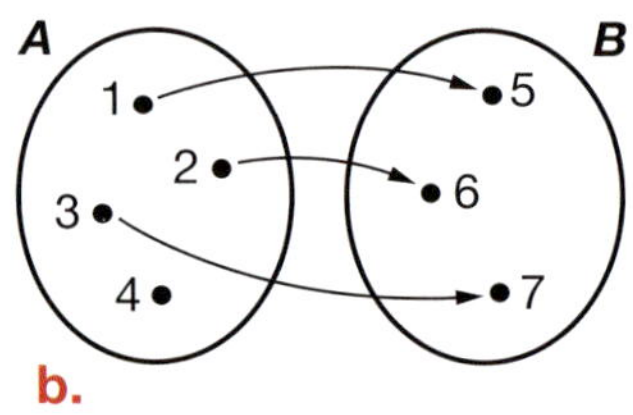

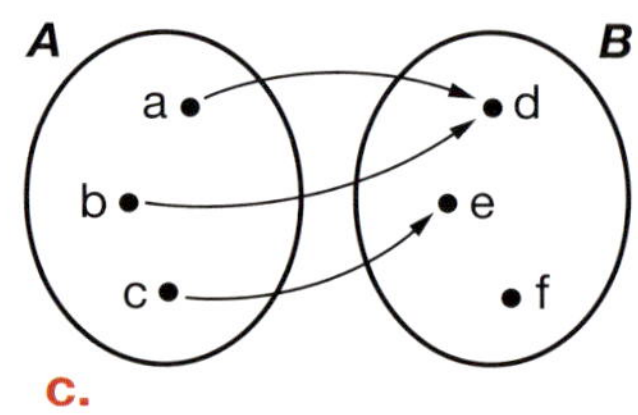

8 **Completa** osservando il diagramma a frecce.

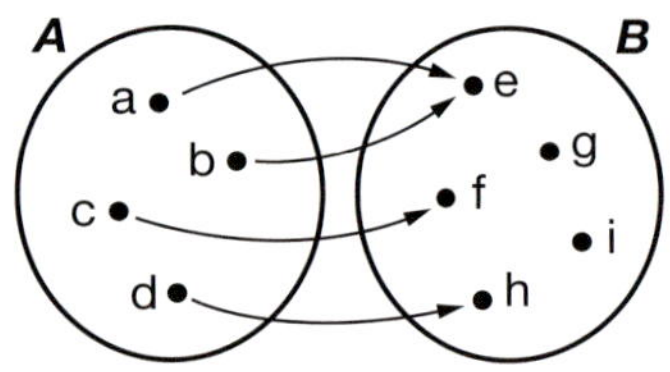

a. Il dominio della funzione è { ______ }.
b. Il codominio della funzione è { ______ }.
c. L'immagine di c è ______.
d. Le controimmagini di e sono ______.
e. h è immagine di ______.

9 Data la funzione $y = f(x)$, **calcola** i valori richiesti.

a. $y = 3x + 2$; $f(-1) = 3 \cdot (-1) + 2 = -1$.
b. $y = x^2 - 1$; $f(0)$, $f(1)$, $f(3)$.
c. $y = 2 - 5x$; $f(-2)$, $f(0)$, $f(2)$.

Piano cartesiano e grafico di una funzione

10 **Rappresenta** nel piano cartesiano i punti:
$A(2; 0)$, $B(1; -1)$, $C(5; 2)$, $D(-2; 4)$, $E(3; 3)$.

11 **Completa** osservando il grafico della funzione.

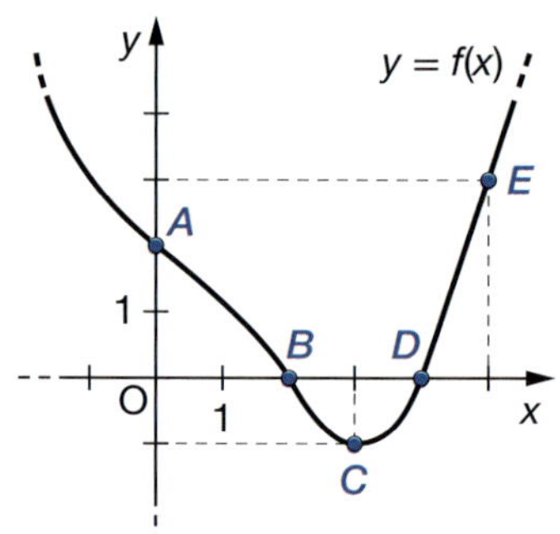

a. ______ (0; 2).
b. L'ascissa di C è ______.
c. L'ordinata di E è ______.
d. $x_B =$ ______, $y_B =$ ______.
e. D (______).

Data la funzione $y = f(x)$, stabilisci se i punti dati appartengono al suo grafico.

12 $y = 5x + 3$; $A(0; 3)$, $B(1; 7)$, $C(2; 13)$.

13 $y = 2x^2 + x$; $A(-1; -1)$, $B(1; 3)$, $C(2; 8)$.

Per esempio
$A(1; 2)$ appartiene al grafico di $y = 3x - 1$ perché $3 \cdot 1 - 1 = 2$.

14 **ESERCIZIO GUIDA**

Rappresentiamo per punti il grafico di $y=x-2$.

Come si risolve

Costruiamo una tabella assegnando a x alcuni valori e calcolando i corrispondenti valori di y.

x	0	1	3	5
y	−2	−1	1	3

↓ $y=x-2$ ↓ $5-2=3$

Disegniamo i punti trovati nel piano cartesiano e tracciamo la linea che passa per tutti i punti.

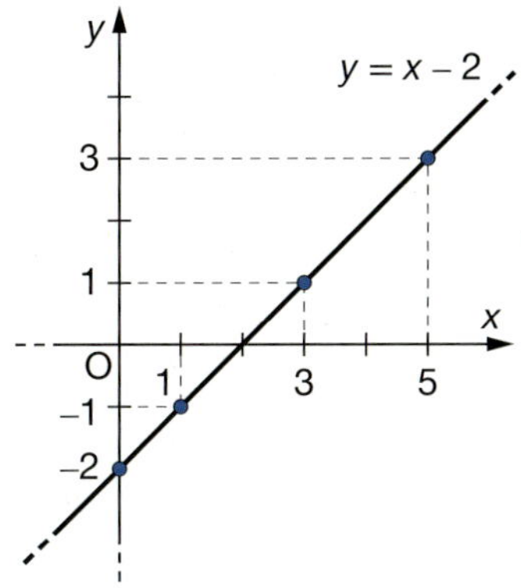

Rappresenta per punti il grafico delle seguenti funzioni.

15 $y=x+1$

16 $y=3x-1$

17 $y=4-x$

18 $y=5-2x$

19 $y=-x-2$

20 $y=\dfrac{5x+1}{2}$

Funzione composta

21 **ESERCIZIO GUIDA**

Date $f(x)=3x+4$ e $g(x)=2x$, **scriviamo** l'espressione analitica di $f\circ g$ e $g\circ f$.

Come si risolve

$f\circ g(x)=f(g(x))=f(2x)=3(2x)+4=6x+4$ — applichiamo g a x poi f a $2x$

$g\circ f(x)=g(f(x))=g(3x+4)=2\cdot(3x+4)=6x+8$ — applichiamo f a x poi g a $3x+4$

Date le funzioni $f(x)$ e $g(x)$, scrivi l'espressione analitica di $f\circ g$ e $g\circ f$.

22 $f(x)=2x-2,\quad g(x)=x^2.$

23 $f(x)=5-x,\quad g(x)=3x.$

24 $f(x)=\dfrac{x}{2},\quad g(x)=\dfrac{1}{x}.$

25 $f(x)=\dfrac{x^2}{4},\quad g(x)=1+x.$

Funzione inversa

Scrivi l'espressione analitica della funzione inversa di f.

26 $f(x)=x-3$

27 $f(x)=5x$

28 $f(x)=2x+1$

29 $f(x)=\dfrac{1}{x}$

30 $f(x)=x^2$

31 $f(x)=7(2-x)$

Per esempio:

$f(x)=x+4$

$y=x+4$ ⟩ ricaviamo x

$x=y-4$ ⟩ scambiamo le variabili

$f^{-1}(x)=x-4$

3 Funzioni numeriche particolari

Proporzionalità diretta

$y=3x \rightarrow \frac{y}{x}=3$

coefficiente angolare — rapporto costante

x	y
0	0
1	3
2	6
3	9

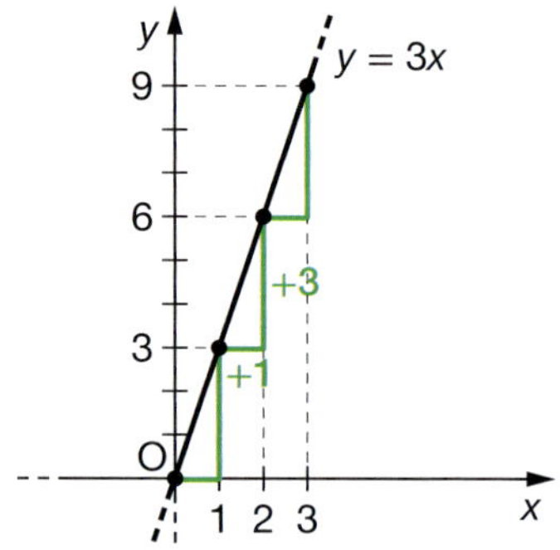

Una funzione è di **proporzionalità diretta** se ha equazione $y=mx$, con $m \neq 0$.
x e y sono **direttamente proporzionali**: se x raddoppia o triplica anche y raddoppia o triplica. Il grafico di una funzione di proporzionalità diretta è una **retta passante per l'origine**.
Il rapporto tra y e x ($x \neq 0$) è costante: $\frac{y}{x}=m$.
Il rapporto indica la **pendenza** della retta: se x aumenta di 1, y aumenta di m.
$y=mx$ è l'**equazione della retta** e m è il suo **coefficiente angolare**.

PROVA SUBITO Stabilisci se le seguenti funzioni sono di proporzionalità diretta e, in caso affermativo, rappresentale nel piano cartesiano.

a. $y=6x$ **b.** $y=-7x$ **c.** $y=3x+1$ **d.** $y=x$

Proporzionalità inversa

$y=\frac{6}{x} \rightarrow xy=6$

prodotto costante

x	y
1	6
2	3
3	2
6	1

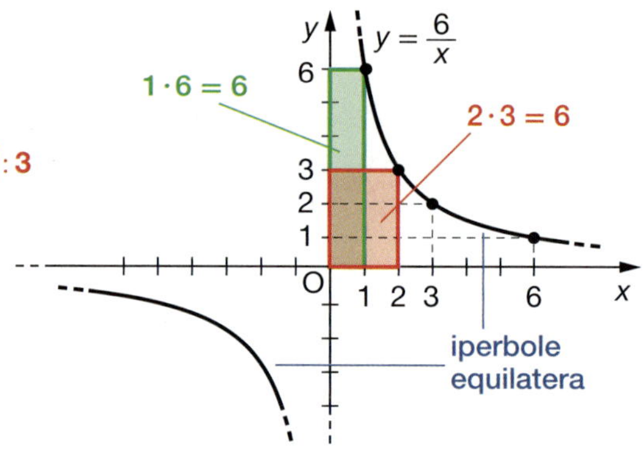

Una funzione è di **proporzionalità inversa** se ha equazione $y=\frac{k}{x}$, con $k \neq 0$.
Si dice che x e y sono **inversamente proporzionali**: se x raddoppia, y dimezza e viceversa. Il loro prodotto è costante.
Il grafico di una funzione di proporzionalità inversa è un'**iperbole equilatera**.

PROVA SUBITO Indica quali delle seguenti funzioni sono di proporzionalità inversa.

a. $y=-\frac{5}{x}$ **b.** $xy=2$ **c.** $\frac{x}{y}=3$ **d.** $4xy=1$

Funzioni lineari

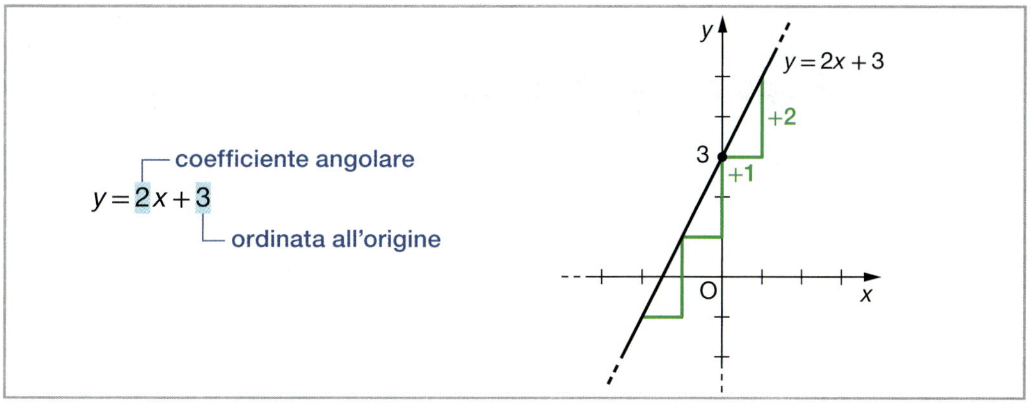

Una funzione è **lineare** se ha equazione $y = mx + q$.
Il grafico di una funzione lineare è una retta di **coefficiente angolare** m che interseca l'asse y nel punto $(0; q)$; q è l'**ordinata all'origine**.
Se $m = 0$, l'equazione è $y = q$, il cui grafico è una retta parallela all'asse x.

PROVA SUBITO Determina il coefficiente angolare e l'ordinata all'origine delle rette con le seguenti equazioni.

a. $y = 3x - 1$ **b.** $y = 1 - x$ **c.** $y = -9$ **d.** $\frac{1}{4}x + 2$

Esercizi

Proporzionalità diretta e inversa

Test

32 Quale tra le seguenti funzioni non è di proporzionalità diretta?

A $\frac{y}{x} = 3$ B $x - 4y = 0$ C $y = -6x$ D $y = \frac{1}{3x}$

33 Quale tra le seguenti funzioni non è di proporzionalità inversa?

A $y = \frac{3}{x}$ B $xy = -7$ C $\frac{x}{y} = 2$ D $y - \frac{4}{x} = 0$

34 **Individua** tra le seguenti funzioni quelle di proporzionalità diretta o inversa, quindi rappresentale nel piano cartesiano.

a. $y = 5x$
b. $xy = 8$
c. $x + y = 1$
d. $\frac{y}{x} = 4$
e. $y = -\frac{6}{x}$
f. $y - 1 = 3x$

Determina se nelle seguenti tabelle le variabili sono direttamente o inversamente proporzionali e scrivi la funzione che le lega.

Calcola il rapporto $\frac{y}{x}$ e il prodotto xy per ciascuna coppia e trova la costante.

35

x	-2	1	3	15
y	$-\frac{5}{2}$	5	$\frac{5}{3}$	$\frac{1}{3}$

36

x	-2	3	4	10
y	-1	$\frac{3}{2}$	2	5

37 ●○

x	-3	3	6	9
y	-5	5	10	15

38 ●○

x	-3	1	2	4
y	-1	3	$\frac{3}{2}$	$\frac{3}{4}$

Completa le tabelle in modo che rappresentino funzioni di proporzionalità diretta. Scrivi la legge.

39 ●○

x		6		12
y	1	2	3	

40 ●○

x	-2		3	
y		-4	12	16

Completa le tabelle in modo che rappresentino funzioni di proporzionalità inversa. Scrivi la legge.

41 ●○

x	2		6	
y		24	12	9

42 ●○

x	-2		3	
y		-4	12	16

43 ●● **Cupcake** Maria prepara dei cupcake ai mirtilli mettendo 40 g di impasto in ogni stampino. Scrivi la legge che esprime il peso totale in funzione del numero di stampini. Di che tipo di funzione si tratta? Quanti grammi di impasto deve preparare per riempire 12 stampini? [$p=40\,n$; 480 g]

44 ●● **Allestire una sala** Il gestore di un catering sa che esiste una proporzionalità inversa tra il numero di camerieri in servizio e il tempo impiegato per preparare tutti i tavoli. Sa che 5 camerieri impiegherebbero 3 ore. Quanti camerieri deve chiamare se vuole che tutto sia pronto in un'ora? [15]

Funzioni lineari

45 ●○ **Disegna** il grafico delle seguenti funzioni, dopo aver determinato il valore di m e q:

$y=3x+3$; $\quad y-x+4=0$; $\quad 2x-2y-6=0$.

46 ●● **Scrivi l'equazione** della funzione lineare con $m=\frac{1}{2}$ e che associa $y=5$ a $x=4$. Rappresentala graficamente.

Scrivi la funzione $y=mx+q$ che soddisfa le condizioni date.

47 ●○ $f(0)=3$, $\quad f(1)=-1$. [$y=-4x+3$]

48 ●○ $f(0)=-1$, $\quad f(4)=1$. [$y=\frac{1}{2}x-1$]

Determina l'espressione analitica delle funzioni rappresentate nei seguenti grafici.

49 ●○

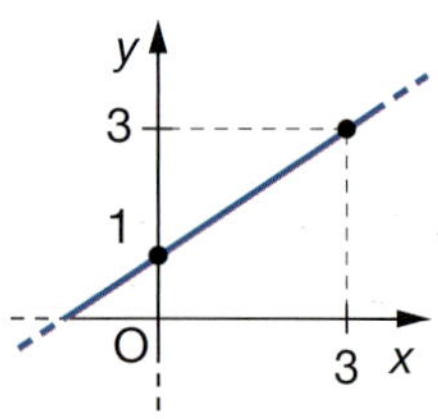

[$y=\frac{2}{3}x+1$]

50 ●○

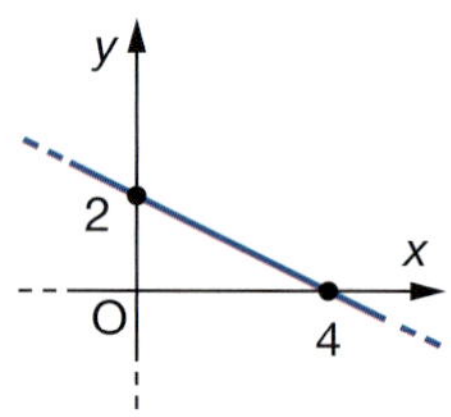

[$y=-\frac{1}{2}x+2$]

---

51 ●○ **In campeggio** L'affitto di una piazzola prevede una quota fissa di € 80 più una quota di € 30 al giorno. Scrivi la legge che esprime la spesa totale in funzione del numero di giorni. Quanto si spende per 6 giorni di campeggio? [$y=80+30x$; € 260]

ESERCIZI DI RIEPILOGO RELAZIONI E FUNZIONI

1 **Rappresenta** in tutti i modi possibili la relazione:
$a \mathscr{R} b \leftrightarrow a$ è multiplo di b, con $a \in A = \{1, 2, 6, 10, 20\}$ e $b \in B = \{2, 3, 4, 5\}$.

2 **Completa** osservando il diagramma a frecce.

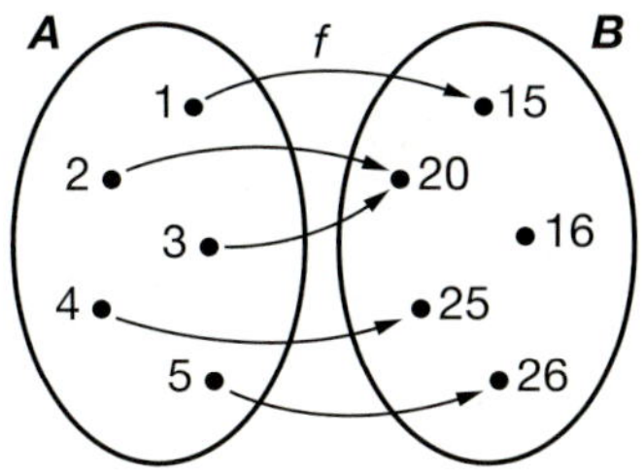

a. Il dominio di f è ____.
b. Il codominio è ____.
c. $f(2) =$ ____.
d. $f^{-1}(15) =$ ____.
e. $f($____$) = 25$.
f. La controimmagine di ____ è 5.

3 Data la funzione $f(x) = 4x - 7$, **disegna** il suo grafico nel piano cartesiano e calcola:
a. $f(1)$; b. $f^{-1}(1)$; c. $f(f(3))$; d. $f^{-1}(f(2))$.

4 Considera le funzioni $f(x) = \frac{1}{3}x - 5$ e $g(x) = -3x$.
a. **Scrivi** le espressioni analitiche di $f \circ g$ e $g \circ f$ e **rappresenta** i loro grafici nel piano cartesiano.
b. **Calcola** $f(-6)$, $g(4)$, $f(g(1))$, $g(f(0))$.

Disegna il grafico delle seguenti funzioni, dopo aver determinato il valore di *m* e *q*.

5 $y = 5 - 4x$

6 $2x + y - 1 = 0$

7 $y - x = 6$

8 $y = \frac{2x - 1}{3}$

---

9 **Individua** tra le seguenti funzioni quelle di proporzionalità diretta o inversa, quindi **rappresentale** nel piano cartesiano.

a. $xy = 12$
b. $y = \frac{10}{x}$
c. $\frac{y}{x} = \frac{1}{2}$
d. $xy = 1 + x$
e. $y = -\frac{7}{12}x$
f. $xy = -2$
g. $y = 3x + 1$
h. $\frac{x}{y} = \frac{1}{4}$
i. $y = \frac{1}{2x}$

10 Data la funzione $y = 3x^2 + x$, **stabilisci** se i seguenti punti appartengono al suo grafico.
a. $A(0; 0)$ b. $B(1; 4)$ c. $C(-1; -2)$ d. $D(2; 8)$

11 **Roma-Milano** Il tempo necessario a percorrere una strada è inversamente proporzionale alla velocità. Viaggiando a 100 km/h si raggiunge Roma da Milano in 6 ore. Quale velocità occorre per impiegare un'ora in meno? [120 km/h]

12 **In piscina** Alessia paga € 8 per ogni ingresso in piscina. Alessio paga € 50 di abbonamento stagionale e solo € 2 per ogni ingresso. Scrivi la legge che esprime la spesa totale in funzione del numero di ingressi per ciascuno. Chi spende di più se entrambi vanno in piscina 10 volte durante la stagione? [$y = 8x$; $y = 50 + 2x$]

SEZIONE C EQUAZIONI, DISEQUAZIONI, RELAZIONI, FUNZIONI
TE LO RICORDI ANCORA?

1 **Test**. Quale dei seguenti numeri è soluzione dell'equazione $(x+3)^2=5(2x+1)$?

A 0 B 1 C 2 D 3

2 **Vero o falso?**

a. L'equazione $2x-1=2x+1$ è impossibile. V F

b. L'equazione $1-3x=1$ è impossibile. V F

c. L'equazione $x-\frac{1}{3}x=\frac{2}{3}x$ è indeterminata. V F

d. L'equazione $\frac{1}{2}x=1$ è determinata. V F

3 **Associa** a ogni equazione la sua soluzione.

a. $x+6+3x(1-x)=-3x^2$ b. $2(x+3)-(x-3)=12$ c. $(x+1)^2-2x=x(x+2)$

1. $x=3$ 2. $x=\frac{1}{2}$ 3. $x=-\frac{3}{2}$

4 **Test**. La somma di due numeri naturali è 24 e uno è il doppio dell'altro. Qual è il più piccolo dei due numeri?

A 4 B 8 C 12 D 16

5 **Test**. Quale delle seguenti disequazioni è equivalente a $2x\leq 0$?

A $2x\geq 0$ B $4x\leq 0$ C $x<0$ D $2x+1\leq 0$

6 **Associa** a ogni disequazione la sua soluzione.

a. $\frac{x-2}{2}\geq 1$ b. $-4x\leq 16$ c. $4x\geq 0$ d. $x+4\leq 0$

1. $x\geq -4$ 2. $x\geq 4$ 3. $x\leq -4$ 4. $x\geq 0$

7 **Test**. Una sola delle seguenti disequazioni è impossibile. Quale?

A $0x\leq 0$ B $x+1<x-1$ C $x\geq x-1$ D $x<-x$

8 **Completa** la tabella in modo che rappresenti una funzione di proporzionalità diretta.

x	y
$-\frac{1}{2}$	☐
☐	-1
0	☐
2	2
3	☐

SEZIONE D
STATISTICA

Capitolo 11 Statistica

Te lo ricordi ancora?

CAPITOLO 11

STATISTICA

1 Rilevazione dei dati statistici

Unità statistiche e popolazione

popolazione — informazione

Si vuole rilevare tra **gli studenti della classe 1ªA** **quante ore a settimana dedica all'attività sportiva** **ogni alunno**. unità statistica

Chiamiamo **popolazione** l'insieme delle **unità statistiche** che forniscono con la rilevazione le **informazioni** necessarie per lo studio del fenomeno.

PROVA SUBITO Individua **popolazione**, **unità statistica** e **informazioni**.
Si vuole rilevare tra i frequentatori di una palestra qual è il corso preferito da ogni singolo cliente.

Frequenza

Fra 1000 abitanti di una città, rileviamo il tipo di cucina preferito.

Tipo di cucina	Frequenza	Frequenza relativa
Tradizionale	810 persone	0,81 → 81%
Etnica	104 persone	0,104 → 10,4%
Vegetariana	86 persone	0,086 → 8,6%

La **frequenza** è il numero delle unità statistiche che presentano una determinata **modalità** che si dice **qualitativa** se l'informazione è descritta a parole, **quantitativa** se l'informazione è descritta con numeri.

La **frequenza relativa *f*** è il rapporto tra la frequenza F di una modalità e il totale n delle unità esaminate: $f = \frac{F}{n}$.

Moltiplicando f per 100, otteniamo il valore in percentuale.

PROVA SUBITO In una città viene chiesto a 30 persone di valutare il servizio di autobus urbani, dando un voto da 1 a 3. I dati raccolti sono i seguenti:

1; 2; 1; 2; 2; 3; 1; 3; 1; 2; 2; 3; 2; 1; 2; 3; 2; 1; 2; 1; 3; 2; 3; 2; 2; 2; 2; 1; 2; 2.

Determina le frequenze e le frequenze relative.

Esercizi

1 Una banca fa un'indagine per conoscere il livello di soddisfazione di tutti i suoi clienti. **Associa** gli elementi della prima riga a quelli della seconda.

1. Popolazione **2.** Unità statistica **3.** Informazione
a. Livello di soddisfazione **b.** Insieme dei clienti **c.** Singolo cliente

2 **Associa** le frequenze riscontrate in una rilevazione fatta su 40 persone con le frequenze relative in percentuale.

1. 12 **2.** 6 **3.** 8 **4.** 14
a. 20% **b.** 35% **c.** 30% **d.** 15%

3 **Completa** la tabella sulla rilevazione del grado di soddisfazione di 500 utenti di una applicazione per smartphone.

Grado di soddisfazione	Frequenza	Frequenza relativa	Frequenza relativa in percentuale
Molto soddisfatto	56	0,112	11,2%
Soddisfatto	284		
Poco soddisfatto	108		
Per nulla soddisfatto	52		
Totale	**500**		

4 **Completa** la tabella relativa alle seguenti altezze, in cm, dei 22 alunni di una classe: 174; 178; 177; 181; 176; 174; 169; 172; 170; 180; 173; 176; 175; 173; 175; 183; 176; 171; 174; 173; 176; 178.

Gli intervalli nella modalità quantitativa comprendono l'estremo inferiore e non quello superiore, per esempio l'intervallo da 170 a 174 comprende 170 ma non 174.

Altezza (cm)	Frequenza	Frequenza relativa	Frequenza relativa in percentuale
Meno di 170	1	0,045	4,5%
170-174			
174-178			
178-182			
Più di 182			
Totale	**22**		

2 Rappresentazione dei dati statistici

Voto dato in un concorso a 50 concorrenti.

Voto	4	5	6	7	8
Concorrenti	2	12	22	11	3

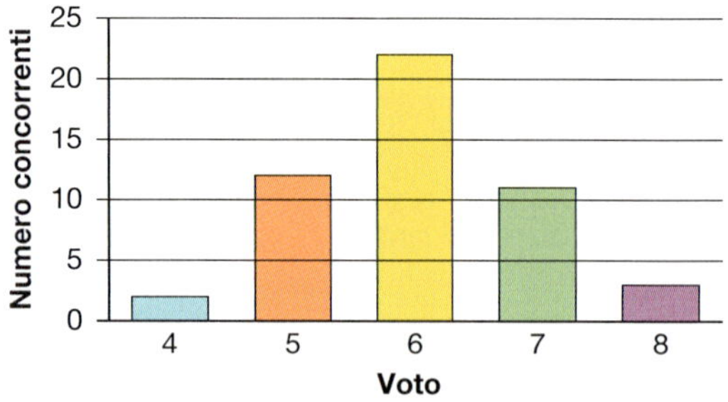

Ortogramma

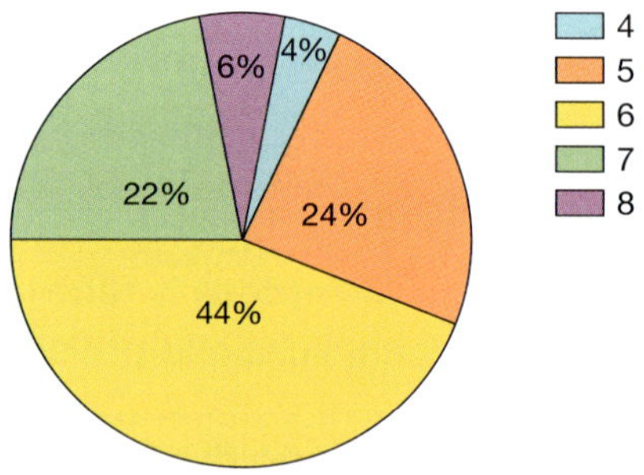

Areogramma

Reddito annuale di un piccolo agricoltore.

Anni	Reddito (€)
2011	26 500
2012	21 000
2013	20 300
2014	19 400
2015	17 100
2016	20 200

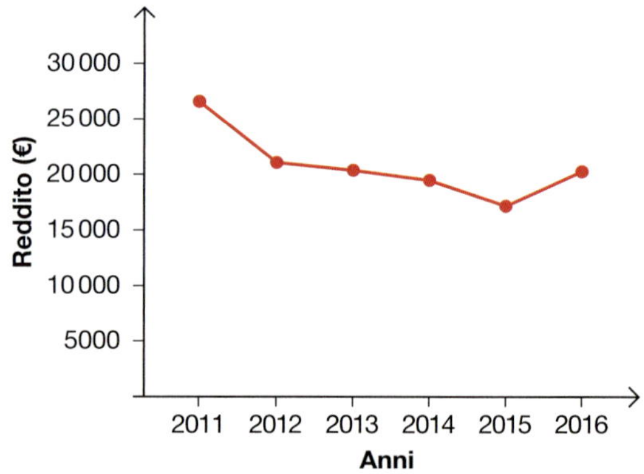

Diagramma cartesiano

Peso (in kg) di 700 automobili trasportate da un traghetto.

Peso	Automobili
700-1100	77
1100-1500	245
1500-1900	259
1900-2300	84
2300-2700	35

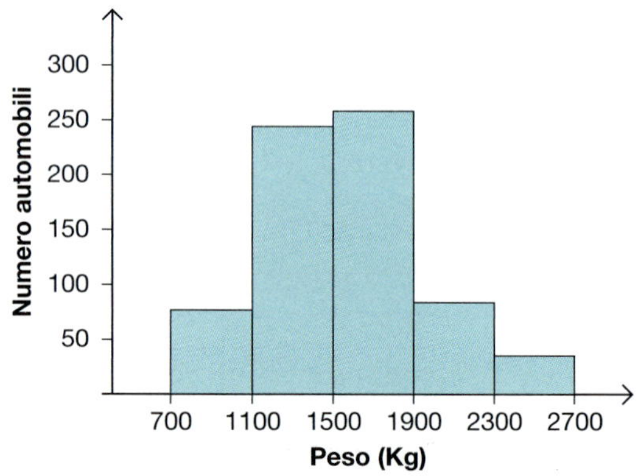

Istogramma

Negli esempi, abbiamo rappresentato i dati:

- disegnando rettangoli con altezze proporzionali alle frequenze nell'**ortogramma** e nell'**istogramma**;
- riportando le frequenze sull'asse delle ordinate nel **diagramma cartesiano**;
- tracciando settori circolari con angoli al centro proporzionali alle frequenze relative nell'**areogramma**.

PROVA SUBITO Disegna il diagramma cartesiano e l'areogramma relativi al numero di pesci pescato nei primi 10 minuti di una gara da ciascuno dei 25 pescatori.

Numero di pesci	0	1	2	3	4	5	**Totale**
Numero di pescatori	5	5	8	4	2	1	**25**

Esercizi

5 **Rappresenta** con un ortogramma i seguenti dati relativi al numero di clienti di un ristorante in una settimana.

Giorno	Lunedì	Martedì	Mercoledì	Giovedì	Venerdì	Sabato	Domenica
Clienti	0	38	52	42	68	77	72

6 **Rappresenta** con un diagramma cartesiano le spese mensili, in euro, di telefono fisso di una famiglia nel corso di un anno.

Mese	Gen	Feb	Mar	Apr	Mag	Giu	Lug	Ago	Set	Ott	Nov	Dic
Spesa	45	39	42	49	52	43	40	35	48	44	50	56

7 **Rappresenta** con un ortogramma i seguenti dati riguardanti il giudizio assegnato dagli utenti di un blog di cinema a un film.

Giudizio	Ottimo	Buono	Sufficiente	Scarso	Insufficiente
Utenti	2	12	21	18	6

8 **Disegna** l'istogramma relativo alla produzione di grano, in quintali per ettaro, di 30 aziende agricole.

Produzione grano	60-70	70-80	80-90	90-100	100-110
Aziende agricole	3	8	12	5	2

9 **Sottolinea** la formula corretta per trovare l'angolo α di un settore circolare di un areogramma (F è la frequenza, f è la frequenza relativa).

$\alpha = F \cdot 360°$ $\alpha = f \cdot 360°$ $\alpha = \frac{360°}{f}$ $\alpha = \frac{f}{360°}$

10 **Associa** alle frequenze percentuali il relativo angolo del settore circolare di un areogramma.

1. 10% **2.** 24% **3.** 20% **4.** 30% **5.** 16%

a. 72° **b.** 57,6° **c.** 86,4° **d.** 36° **e.** 108°

11 **Completa** la seguente tabella calcolando, per ogni valore di frequenza F, la frequenza relativa f e il relativo angolo α del settore circolare di un areogramma.

Frequenza *F*	12	6	24	30	**Tot. 72**
Frequenza relativa *f*	0,167				
Angolo α	60°				

12 **Rappresenta** con un areogramma gli angoli calcolati nell'esercizio precedente.

13 **Disegna** l'areogramma relativo al numero di casse presenti in ciascuno dei 10 ipermercati di una città.

Numero di casse	**Numero di ipermercati**	**Frequenza relativa**	**Angolo del settore circolare**
2	1	0,1 → 10%	$0{,}1 \cdot 360° = 36°$
3	3		
4	4		
5	2		
Totale	**10**		

14 **Calcola** le frequenze F a partire dal seguente areogramma, relativo al numero di infissi esterni necessari per ogni villetta di un complesso residenziale in costruzione composto da 40 vilette.

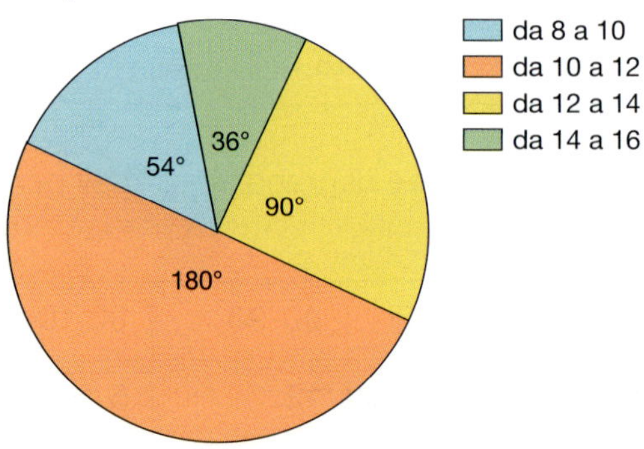

Calcola prima le frequenze relative f dividendo l'angolo per 360°.

3 Media, mediana, moda

Voti in matematica di uno studente in prima superiore.

Data	12/10	26/10	15/11	30/11	19/01	03/02	13/03	02/05	01/06
Voto	5,5	6,5	5	6	6,5	6	5,5	7	6,5

Media: $M=\frac{5{,}5+6{,}5+5+6+6{,}5+6+5{,}5+7+6{,}5}{9}=\frac{54{,}5}{9}\simeq 6{,}06.$

Voti in ordine crescente: 5; 5,5; 5,5; 6; **6**; 6,5; 6,5; 6,5; 7.
Mediana: $M_e=6$.

Voto	5	5,5	6	6,5	7
Frequenza	1	2	2	3	1

Moda: $M_o=6{,}5$.

La **media** M di una successione di termini x_1, x_2, ..., x_n è il quoziente fra la somma dei termini e il loro numero n.

$$M=\frac{x_1+x_2+\ldots+x_n}{n}$$

La **mediana** M_e di una successione crescente di valori $x_1 \leq x_2 \leq \ldots \leq x_n$ è:

- il termine centrale quando il numero n dei valori è dispari;
- la semisomma dei due termini centrali quando il numero n dei valori è pari.

La **moda** M_o è la modalità, quantitativa o qualitativa, che ha la maggiore frequenza.

PROVA SUBITO Calcola media, mediana e moda dei seguenti termini:

12; 12; 13; 13; 13; 14; 14; 15; 15; 16; 17.

Esercizi

15 **Calcola** la media dei seguenti termini: 4,5; 6; 7,2; 8,3; 9,1.

16 **Calcola** la mediana dei seguenti termini:

a. 12,3; 10,1; 6,7; 14,2; 10,6; 8,7; 10,1;

b. 0,9; 0,3; 0,4; 1,1; 0,7; 0,5; 0,3; 0,8.

Disponi i termini in ordine crescente.

17 **Calcola** la moda per le due serie di valori dell'esercizio precedente.

18 **Trova** la moda relativamente alle vendite di un modello di maglione femminile in una catena di negozi di abbigliamento nell'ultimo mese.

Colore	Bianco	Rosa	Turchese	Beige	Nero	**Totale**
Maglioni	352	226	441	208	322	**1549**

19 **Test.** Quale tra le seguenti successioni di valori ha media, mediana e moda coincidenti?

a. 1; 3; 3; 4; 4; 4; 5; 6; 6 **b.** 7; 8; 11; 12; 12; 13; 15; 16

A Nessuna di esse. B Solo la **a**. C Solo la **b**. D Sia la **a** sia la **b**.

20 **ESERCIZIO GUIDA**

Calcoliamo media, mediana e moda dei seguenti dati relativi al numero di telefonate ricevute dai 20 operatori di un call center in un turno di lavoro.

Telefonate	26	27	28	29	30	31	32	**Totale**
Operatori	1	0	3	6	5	3	2	**20**

Come si risolve

Quando abbiamo n valori $x_1, x_2, ..., x_n$ forniti con le loro frequenze $F_1, F_2, ..., F_n$ conviene utilizzare la formula della **media ponderata**:

$$M=\frac{x_1 \cdot F_1 + x_2 \cdot F_2 + ... + x_n \cdot F_n}{F_1 + F_2 + ... + F_n}.$$

Nel nostro caso la media è:

$$M=\frac{26 \cdot 1 + 27 \cdot 0 + 28 \cdot 3 + 29 \cdot 6 + 30 \cdot 5 + 31 \cdot 3 + 32 \cdot 2}{1+0+3+6+5+3+2}=\frac{591}{20}=29{,}55.$$

I termini sono in numero pari, dunque la mediana è la semisomma dei due termini centrali, nel nostro caso il decimo, che è 29, e l'undicesimo, che è 30.

La mediana è dunque: $M_e=\frac{29+30}{2}=29{,}5.$

La moda è il valore con la maggior frequenza: $M_o=29.$

21 **Calcola** media, mediana e moda del numero di pc e tablet posseduti per famiglia su 120 famiglie intervistate.

Pc o tablet	0	1	2	3	4	**Totale**
Famiglie	2	29	59	25	5	**120**

22 **Calcola** media, mediana e moda del numero di giorni di ferie non ancora goduti a fine anno da ognuno dei 35 dipendenti di una ditta.

Giorni di ferie	0	1	2	3	4	5	6	7	8	**Totale**
Dipendenti	15	0	3	4	1	3	0	7	2	**35**

ESERCIZI DI RIEPILOGO STATISTICA

1 Tra gli abitanti di una città si svolge un'indagine per conoscere la frequenza di utilizzo dei mezzi pubblici. **Associa** gli elementi della prima riga con quelli della seconda.

1. Popolazione **2.** Unità statistica **3.** Informazione
a. Singolo abitante **b.** Insieme degli abitanti **c.** Frequenza di utilizzo

2 Da un'indagine compiuta su 200 possessori di gatti è emerso che il 30% dei loro animali preferisce la marca di scatolette A, il 38% la marca B, il 12% la marca C e il 20% la marca D. **Completa** la tabella.

Marca della scatoletta	**Frequenza**	**Frequenza relativa**	**Frequenza relativa in percentuale**
A	$0{,}3 \cdot 200 = 60$	0,3	30%
B			38%
C			12%
D			20%
Totale	**200**		**100%**

3 **Disegna** il diagramma cartesiano relativo al numero di commessi che lavorano in ognuno dei 24 negozi di abbigliamento considerati nella rilevazione.

Numero di commessi	4	5	6	7	8
Numero di negozi	3	4	9	6	2

4 **Disegna** l'areogramma relativo a una rilevazione effettuata su 200 persone riguardante la meta preferita per una vacanza di 2 giorni.

Meta preferita	Mare	Lago	Montagna	Città	Collina	**Totale**
Numero persone	60	5	30	90	15	**200**

5 **Associa** con il loro valore media, mediana e moda dei seguenti termini:
5; 6; 6; 6; 7; 8; 8; 10; 16.

1. Media **2.** Mediana **3.** Moda
a. 7 **b.** 8 **c.** 6

6 **Calcola** media, mediana e moda del numero di automobili vendute ogni mese da un concessionario nel corso dell'ultimo anno.

Mese	Gen	Feb	Mar	Apr	Mag	Giu	Lug	Ago	Set	Ott	Nov	Dic
Automobili	26	20	21	26	24	27	26	23	23	25	25	28

SEZIONE D STATISTICA

TE LO RICORDI ANCORA?

1 **Rappresenta** con un istogramma i dati relativi ai ricavi di un albergo in un anno.

Ricavi (€)	0-200	200-400	400-600	600-800	800-1000	1000-1200
Numero di giorni	15	67	152	97	14	20

2 Le 12 ragazze che fanno parte di una società di pallavolo hanno le seguenti età:
16; 20; 21; 16; 22; 17; 18; 20; 22; 18; 19; 20.

a. **Calcola** media, moda e mediana delle età delle ragazze.

b. Qual è la percentuale di ragazze al di sotto dei 20 anni?

3 **Test.** Media, mediana e moda:

A non hanno mai lo stesso valore.

B hanno sempre tutte e tre lo stesso valore.

C in alcuni casi possono avere lo stesso valore, ma solo due di esse.

D in alcuni casi possono avere lo stesso valore, sia tutte e tre sia due sole di esse.

4 **Rappresenta** il diagramma cartesiano relativo al numero di nuovi nati nel reparto maternità di un ospedale dal 2006 al 2015. Qual è il numero medio di nascite annuali nel periodo considerato?

Anno	2006	2007	2008	2009	2010	2011	2012	2013	2014	2015
Numero nati	212	186	121	90	192	198	140	117	109	152

5 Nella seguente tabella sono raccolti i dati relativi al numero di aspirapolvere venduti settimanalmente da ognuno dei 20 venditori di una ditta.

Aspirapolvere venduti	0	1	2	3	4
Numero venditori	2	4	10	6	2

a. **Rappresenta** i dati con un ortogramma e con un areogramma.

b. **Calcola** media, moda e mediana del numero di aspirapolvere venduti.

6 Il grafico a lato rappresenta i voti conseguiti da uno studente alla fine del primo anno.

a. **Rappresenta** i dati con un areogramma.

b. **Calcola** media, moda e mediana dei voti.

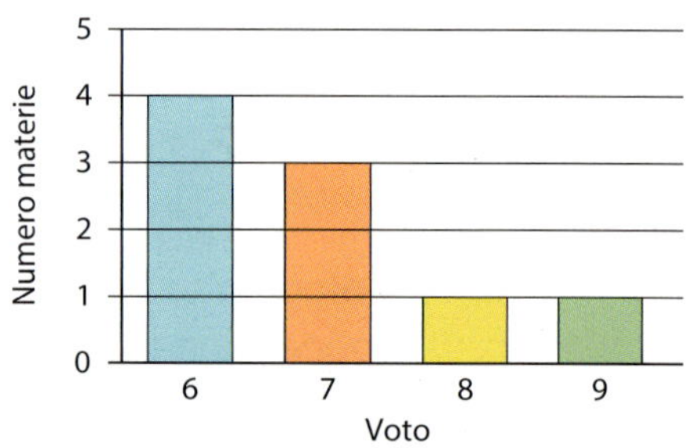

SEZIONE E
GEOMETRIA

CAPITOLO 12

ENTI GEOMETRICI FONDAMENTALI

1 Punti, rette, piani

Proprietà

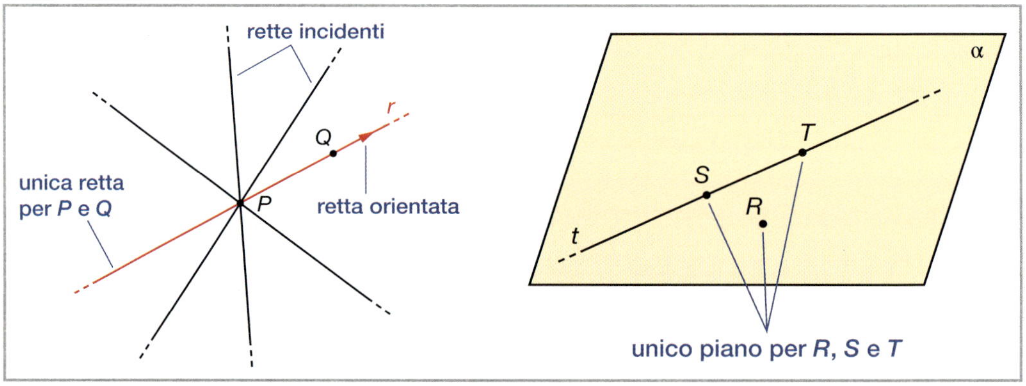

Per due punti distinti passa *una* e *una sola* retta.
Per un punto passano *infinite* rette **incidenti**.
Per tre punti distinti e non allineati passa *uno* e *un solo* piano. Se una retta passa per due punti del piano allora appartiene al piano.

PROVA SUBITO Disegna tre rette distinte incidenti nel punto *Q*.

Semirette e semipiani

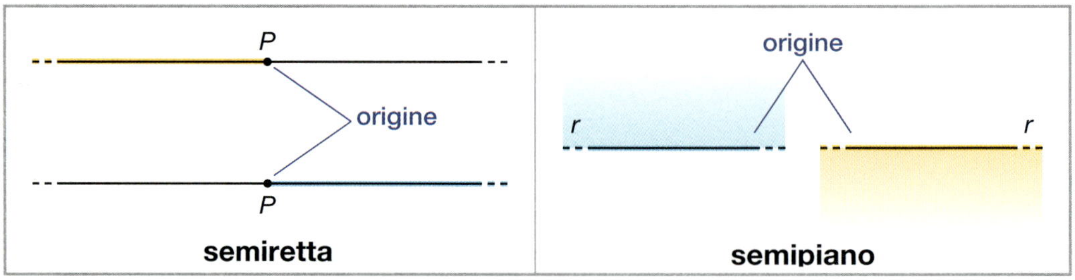

Consideriamo una retta e un suo punto *P*. Chiamiamo **semiretta** di **origine** *P* l'insieme del punto *P* e di tutti i punti che lo precedono o lo seguono.
Considerata una retta *r* di un piano, un **semipiano** di **origine** *r* è l'insieme dei punti di *r* e di uno dei due insiemi in cui il piano è diviso da *r*.

PROVA SUBITO Disegna un semipiano e, su di esso, due semirette con la stessa origine e una semiretta senza punti in comune con le altre due.

Esercizi

1 ●○ **Completa** con «precede» o «segue», riferendoti alla figura.

a. *A* precede *E* **d.** *B* ______ *A*

b. *C* ______ *D* **e.** *E* ______ *D*

c. *A* ______ *C* **f.** *D* ______ *B*

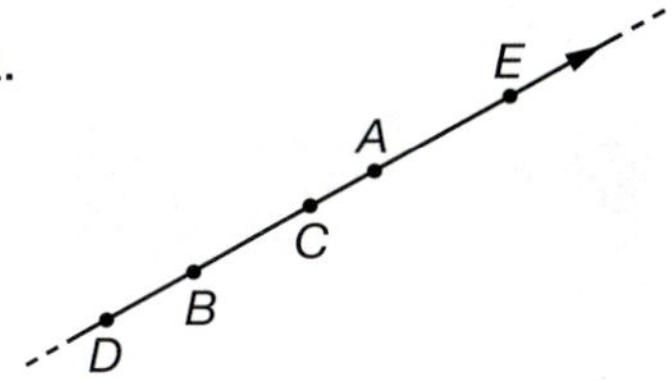

2 **ESERCIZIO GUIDA**

Completa la figura posizionando sulla retta orientata quattro punti *C*, *D*, *E*, *F* in modo che: *C* segua *A* ma non *B*; *D* preceda *B* ma non *C*; *E* segua solo uno degli altri punti; *F* segua *B*.

Come si risolve

a. *C segue A ma non B*.

b. *D precede B ma non C*.

c. *E segue solo uno degli altri punti*. Dovendo ancora posizionare *F*, ci sono due alternative.

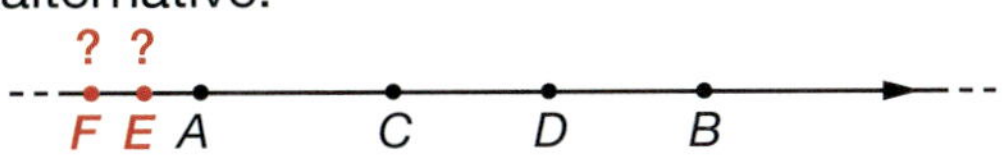

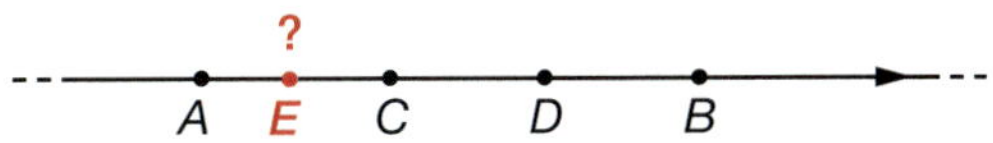

d. *F segue B*. Di conseguenza possiamo posizionare anche *E*.

3 ●○ **Completa** la figura posizionando sulla retta orientata i punti *C*, *D*, *E* in modo che: *C* preceda *A*; *D* segua *A* ma non *B*; *E* preceda *A* ma non *C*.

Se non sai dove posizionare un punto, prova a posizionare prima gli altri.

4 ●○ **Completa** la figura posizionando sulla retta orientata quattro punti *C*, *D*, *E*, *F* in modo che: *C* preceda *B*; *D* segua *B*; *E* segua *D*; *F* preceda *C* e segua *A*.

5 ●● **Disegna** su una retta orientata cinque punti *A*, *B*, *C*, *D*, *E* in modo che: *A* non segua nessuno degli altri punti; *B* segua *C* e preceda *D*; *E* preceda solo uno degli altri punti.

6 ●● **Disegna** su una retta orientata sei punti *A*, *B*, *C*, *D*, *E*, *F* in modo che: *A* segua *F* e preceda *B*; *C* sia compreso tra *A* e *B*; *D* ed *E* precedano *F*; *E* segua almeno uno degli altri punti.

7 ●○ **Disegna**:

a. due semirette che hanno l'origine in comune;

b. due semirette *a* e *b* con diverse origini, tali che l'origine di *a* appartenga a *b*;

c. due semirette *a* e *b* con uno e un solo punto in comune, diverso dall'origine di *a* e dall'origine di *b*.

8 ●○ **È vero** che una retta può essere contenuta interamente in un semipiano?

2 Segmenti e angoli

Definizione di segmento, definizione di angolo

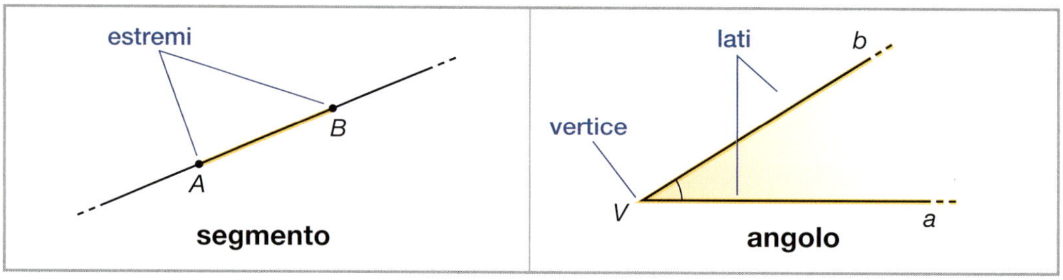

Consideriamo una retta e due suoi punti *A* e *B*. Il **segmento** di **estremi** *A* e *B* è l'insieme dei punti *A* e *B* e di tutti i punti della retta fra loro compresi.
Consideriamo in un piano due semirette *a* e *b* con la stessa origine *V*. Chiamiamo **angolo** di **vertice** *V* e **lati** *a* e *b* l'insieme dei punti delle semirette *a* e *b* e di una delle parti in cui esse dividono il piano.

PROVA SUBITO **a.** Disegna quattro punti *A*, *B*, *C* e *D* e traccia tutti i segmenti che hanno per estremi due dei quattro punti. Quanti sono?
b. Disegna una coppia di angoli:
- che hanno solo il vertice in comune;
- senza punti in comune;
- con un lato in comune;
- di cui uno dei due è contenuto nell'altro.

Segmenti e angoli consecutivi e adiacenti

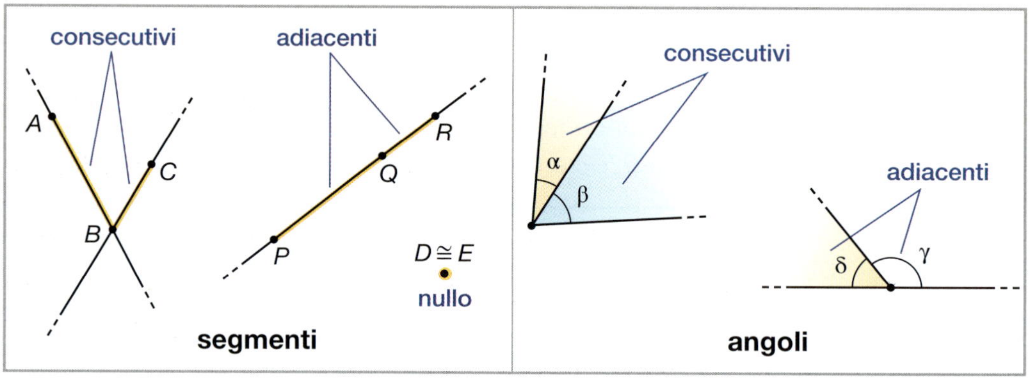

Due segmenti sono:
- **consecutivi** se hanno in comune solo un estremo;
- **adiacenti** se sono consecutivi e giacciono sulla stessa retta.

Due angoli sono:
- **consecutivi** se hanno in comune solo il vertice e uno dei lati;
- **adiacenti** se sono consecutivi e i lati non in comune sono semirette opposte.

PROVA SUBITO **a.** Disegna quattro segmenti a due a due consecutivi, in modo che due di essi siano anche adiacenti.
b. Disegna tre angoli consecutivi, in modo che due di essi siano anche adiacenti.

Esercizi

9 **Individua** tra i segmenti disegnati quelli consecutivi.

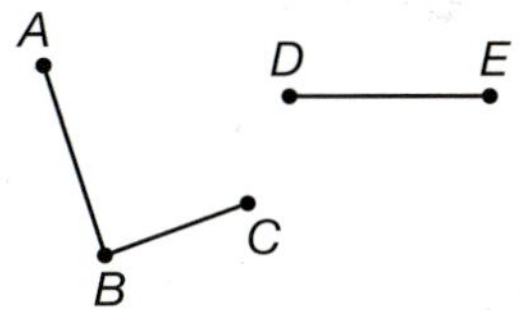

a.

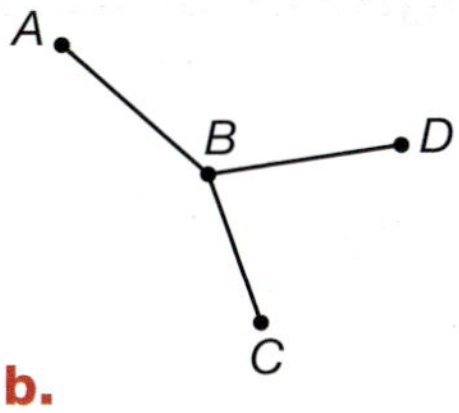

b.

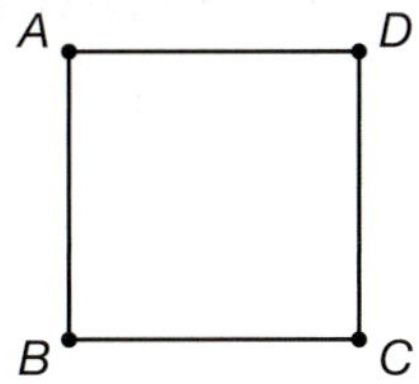

c.

10 **Individua** tra i segmenti disegnati quelli adiacenti.

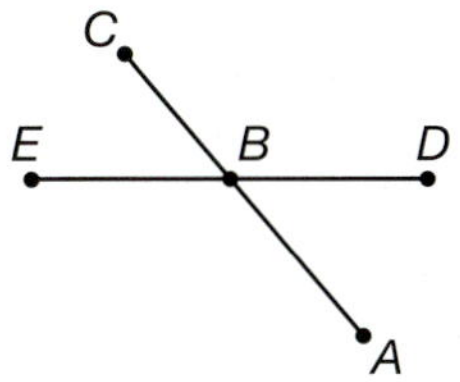

a.

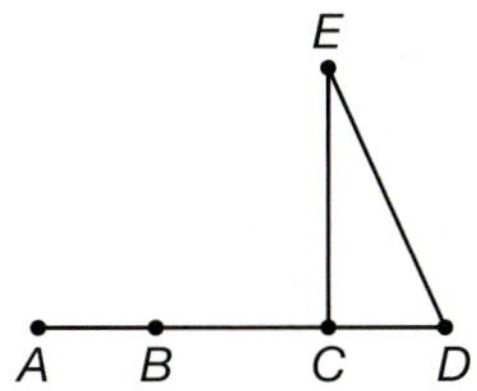

b.

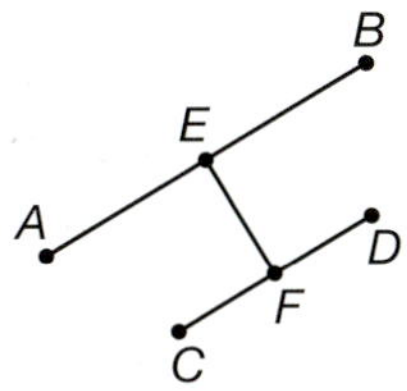

c.

11 **Disegna:**

a. un segmento *AB* e un segmento *BC* consecutivo ad *AB*;

b. due segmenti *BD* e *CE*, adiacenti a *BC*;

c. un segmento *CF* consecutivo a *CE*.

Giustifica le seguenti affermazioni.

12 Preso un segmento *AB* e un punto *C* che non appartiene ad *AB*, ci sono solo due segmenti consecutivi ad *AB* che hanno *C* come estremo.

13 Preso un segmento *AB*, esistono infiniti segmenti adiacenti ad *AB*.

14 **È vero** che due segmenti che hanno in comune solo un punto sono sempre consecutivi?

15 **Disegna** tre angoli in modo che ciascun angolo sia consecutivo agli altri due.

16 **È vero** che due angoli con un lato in comune sono sempre consecutivi?

17 **a.** Nella figura **individua** tutte le coppie di angoli consecutivi.

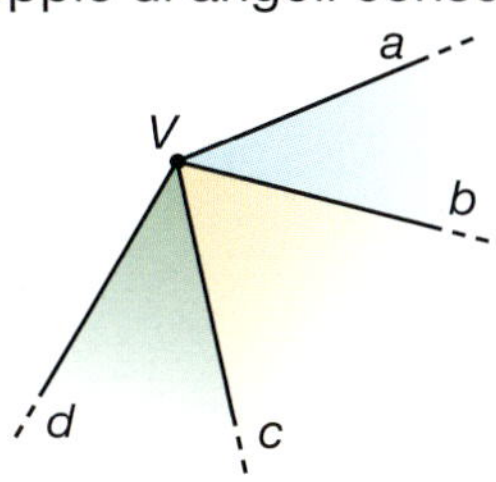

b. Nella figura **individua** tutte le coppie di angoli adiacenti.

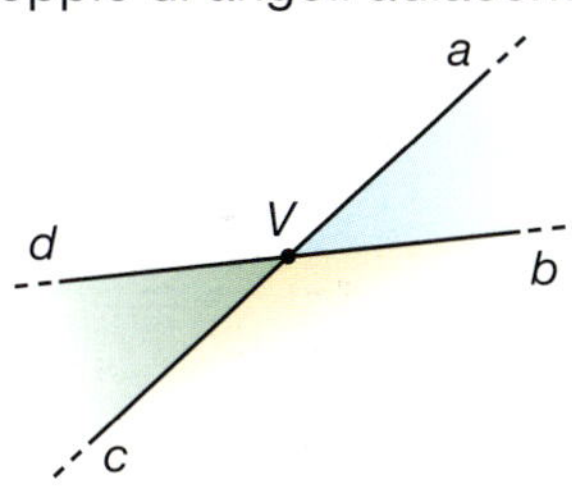

18 **Disegna** tre angoli, di cui i primi due consecutivi e il terzo adiacente al secondo.

19 **Disegna** tre angoli, di cui il secondo consecutivo al primo e il terzo adiacente al primo.

3 Operiamo con segmenti e angoli

Somma e differenza di segmenti e di angoli

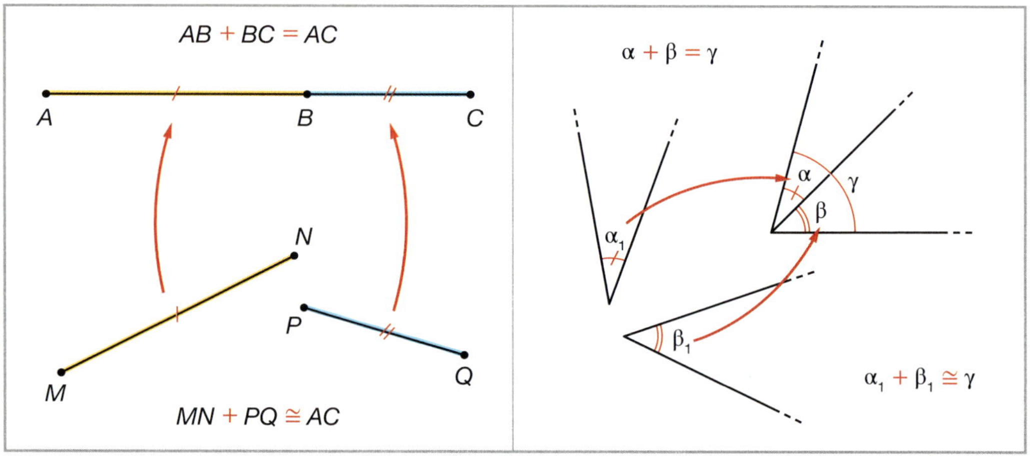

Per ottenere la somma di due segmenti, se non sono già adiacenti, li spostiamo con un movimento rigido, in modo che lo diventino.
Nella figura, *AC* è la **somma** sia di *AB* e *BC* sia di *MN* e *PQ*. Diciamo inoltre che, per esempio, *BC* è la **differenza** tra *AC* e *AB*.
Per ottenere la somma di due angoli, se non sono già consecutivi, li spostiamo con un movimento rigido, in modo che lo diventino. Nella figura, γ è la **somma** sia di α e β, sia di α_1 e β_1. Diciamo inoltre che, per esempio, β è la **differenza** tra γ e α.

PROVA SUBITO Disegna tre segmenti AB, CD, EF e $AB+CD$, $EF-CD$, $AB+EF$.
Disegna poi tre angoli $\widehat{ab}$, $\widehat{cd}$, $\widehat{ef}$ e $\widehat{cd}+\widehat{ef}$, $\widehat{ab}-\widehat{cd}$, $\widehat{ab}-\widehat{ef}$.

Angoli e misure

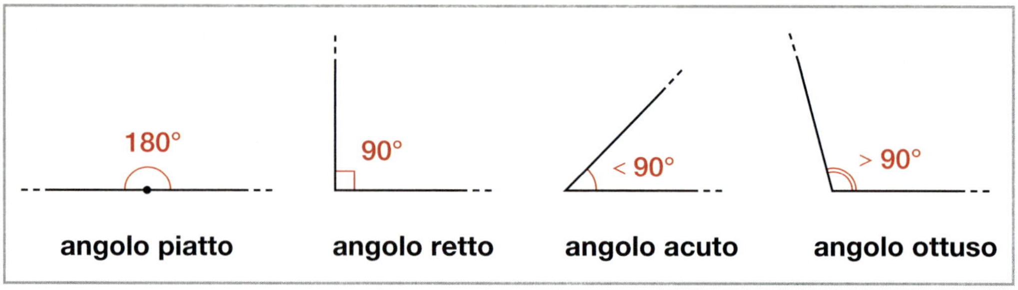

Un angolo piatto ha ampiezza 180°, un angolo retto 90°.
Un angolo acuto α è minore di un angolo retto: $\alpha < 90°$.
Un angolo ottuso β è maggiore di un angolo retto: $\beta > 90°$.
Due angoli α e β sono supplementari se la loro somma è un angolo piatto:
$\alpha + \beta = 180°$.
Sono invece complementari se la loro somma è un angolo retto: $\alpha + \beta = 90°$.

PROVA SUBITO Disegna due angoli complementari di cui uno è di 30°.
Qual è l'ampiezza dell'altro?

Esercizi

Somma e differenza di segmenti

20 **ESERCIZIO GUIDA**

Calcoliamo la lunghezza di CD, usando le informazioni date.

$AB = BC$, $AD = 44$ cm, $BD = \frac{6}{5}AB$.

Come si risolve

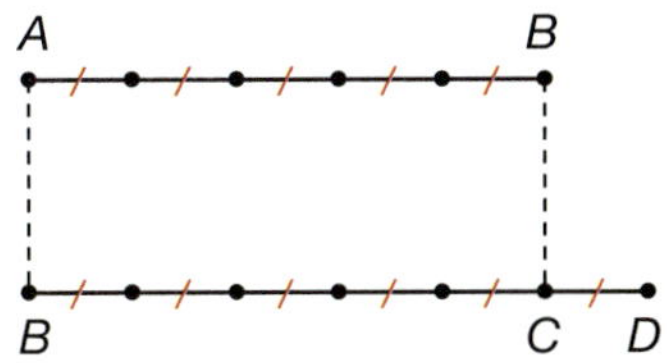

Riportiamo il segmento BD sotto il segmento AB. Poiché $BD = \frac{6}{5}AB$, dividendo AB in 5 parti congruenti, BD risulta formato da 6 parti.

Il disegno mostra che $BC = AB$, quindi anche BC è formato da 5 parti, e di conseguenza CD corrisponde a 1 parte. Inoltre, poiché $AD = AB + BD$, AD è formato da $5 + 6 = 11$ parti. Essendo $AD = 44$ cm, ciascuna parte ha lunghezza $\frac{44}{11}$ cm $= 4$ cm. Quindi $CD = 4$ cm.

Calcola la lunghezza dei segmenti indicati, usando le informazioni date.

21 $AC = 12$ cm
$AD = ?$

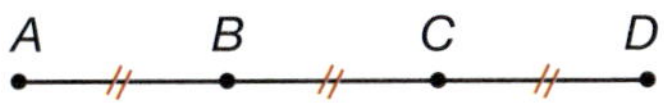

[18 cm]

22 $AE = 11$ cm, $DE = \frac{5}{2}AB$.
$BD = ?$

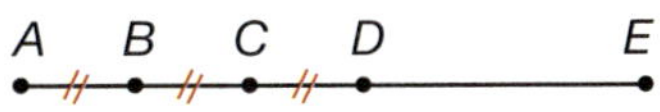

[4 cm]

23 $DE = 3AB$, $BC = \frac{3}{4}AB$,
$DE - AC = 5$ cm.
$BC = ?$

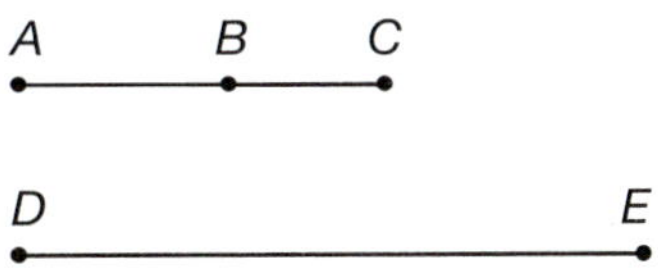

[3 cm]

24 **Determina** le lunghezze di due segmenti, sapendo che il secondo è metà del primo e che la loro somma è 24 cm. [16 cm; 8 cm]

25 Considera due segmenti adiacenti AB e BC. Sapendo che $AC = 36$ cm e che $BC - AB = 10AB$, **calcola** le lunghezze di AB e BC. [3 cm; 33 cm]

26 Su un segmento AB prendi un punto P tale che $AP = \frac{5}{7}AB$. **Trova** la lunghezza di AP, sapendo che $PB = 8$ cm. [20 cm]

> Osserva che:
> $(AB + CD) - (AB - CD) = 2CD$.

27 **Calcola** le lunghezze di due segmenti la cui somma è 44 cm e la cui differenza è 10 cm. [27 cm; 17 cm]

28 Il punto P divide il segmento AB in modo tale che $AP = \frac{1}{2}PB$. Se M è il punto medio di AP e N è il punto medio di PB, risulta $MN = 18$ cm. **Trova** le lunghezze di AP e PB. [12 cm; 24 cm]

> Il punto medio divide un segmento in due parti che hanno la stessa lunghezza.

Somma e differenza di angoli

29 **ESERCIZIO GUIDA**

$\gamma = 138°$

$\alpha = ?\ \beta = ?$

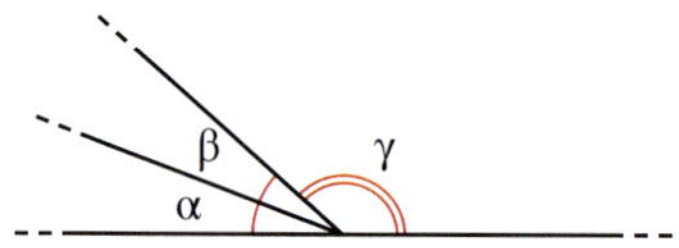

Come si risolve

Vediamo che γ è supplementare di $\alpha + \beta$. Quindi $\alpha + \beta = 180° - 138° = 42°$.

Poiché inoltre $\alpha \cong \beta$, risulta $\alpha = \frac{42°}{2} = 21°$ e quindi $\beta = 21°$.

Calcola l'ampiezza degli angoli indicati, usando le informazioni date.

30 $\beta = 42°$

$\alpha = \_\_\_\_$ [16°]

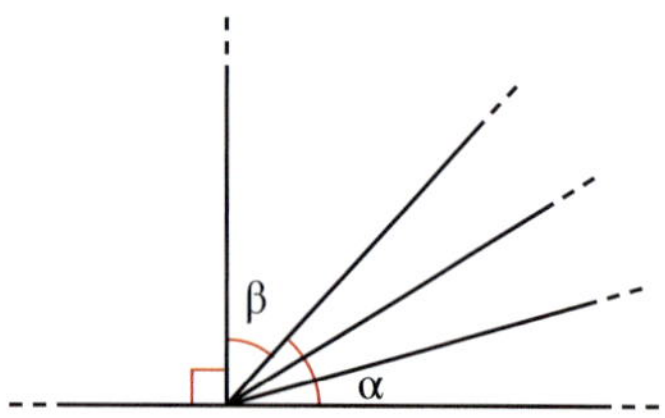

$d\widehat{O}c$ e $a\widehat{O}b$ sono opposti al vertice. Gli angoli opposti al vertice sono congruenti.

31 $b\widehat{O}c = 4\,a\widehat{O}b$

$a\widehat{O}b = \_\_\_\_$ [36°]

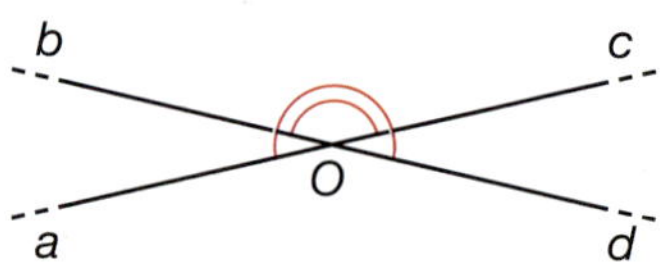

32 $\alpha \cong 2\beta,\ \gamma \cong 5\alpha$.

$\alpha = \_\_\_\_;\ \beta = \_\_\_\_$. [36°; 18°]

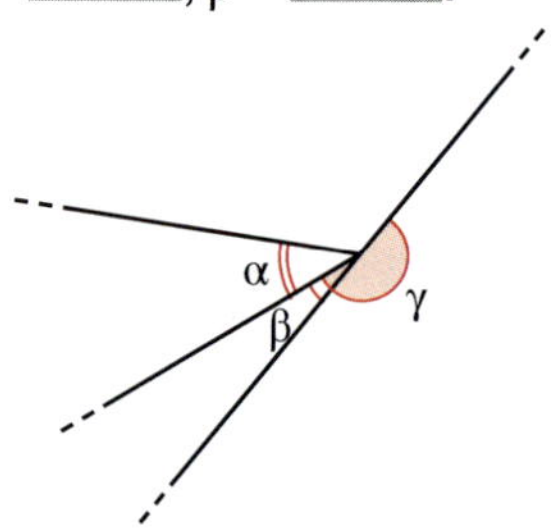

---

33 α e β sono complementari,

$\beta + \gamma = 110°,\ \gamma = 2\alpha$.

$\alpha = \_\_\_\_$

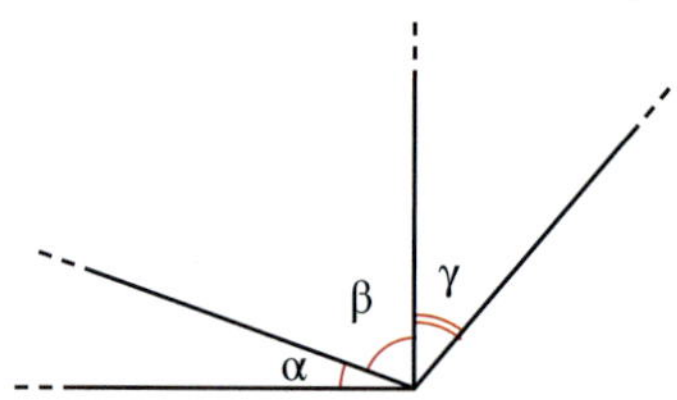

34 Due angoli supplementari α e β sono tali che $\beta = 11\,\alpha$. **Determina** le ampiezze di α e β. [15°; 165°]

35 La somma di α e β misura 126°, e $\beta = \frac{4}{5}\alpha$. Quanto misurano α e β? [70°; 56°]

36 **Quanto misura** α, se la differenza tra α e il suo complementare è 42°? [66°]

37 La semiretta c divide l'angolo convesso $a\widehat{O}b$ in modo tale che $c\widehat{O}b = \frac{1}{4}a\widehat{O}c$. Indicando con d la bisettrice dell'angolo convesso $a\widehat{O}c$, risulta $d\widehat{O}b = 75°$. **Quanto misura** l'angolo $a\widehat{O}b$? [125°]

38 **Trova** l'ampiezza di α, sapendo che α è $\frac{1}{7}$ del complementare di 3α. [9°]

ESERCIZI DI RIEPILOGO ENTI GEOMETRICI FONDAMENTALI

1 **Completa** con i simboli + e – riferendoti al disegno.

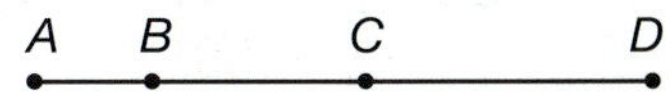

a. AB [+] $BC = AC$
b. AD [ ] $CD = AC$
c. BC [ ] $CD = BD$
d. AB [ ] $BD = AD$
e. AC [ ] $AB = BC$

2 **Completa** con l'angolo appropriato riferendoti al disegno.

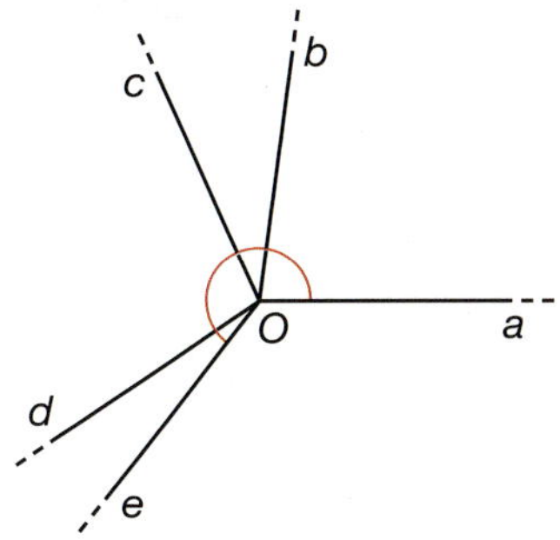

a. $a\widehat{O}b +$ [$b\widehat{O}c$] $= a\widehat{O}c$
b. $a\widehat{O}c + c\widehat{O}e =$ [ ]
c. $b\widehat{O}e - b\widehat{O}d =$ [ ]
d. $b\widehat{O}c +$ [ ] $= b\widehat{O}e$
e. [ ] $- a\widehat{O}b = b\widehat{O}d$

3 **Disegna** quattro angoli α, β, γ e δ, a due a due consecutivi, in modo che α e β siano complementari, β e γ siano supplementari, e $\delta \cong 2\,\alpha$.

4 Due segmenti adiacenti AB e BC sono tali che $BC - AB$ è il doppio di AB. **Trova** la lunghezza di AB, sapendo che $BC = 12$ cm. [4 cm]

5 **Determina** le lunghezze di due segmenti adiacenti AB e BC, sapendo che $AC = 7AB$ e che, detto M il punto medio di BC, risulta $AM = 20$ cm. [5 cm; 30 cm]

6 Considera tre segmenti AB, BC e CD, tali che $AB = \frac{1}{2}BC$ e $AB + BC = \frac{1}{2}CD$. **Determina** le lunghezze dei tre segmenti, sapendo che $BC + CD = 12$ cm. [1,5 cm; 3 cm; 9 cm]

7 **Calcola** il perimetro del triangolo ABC, sapendo che $AC = BC$, $AB = \frac{1}{3}AC$ e $BC - AB = 6$ cm. [21 cm]

8 **Calcola** le ampiezze del complementare e del supplementare di α, sapendo che α misura 25°. [65°; 155°]

9 **Determina** l'ampiezza dell'angolo acuto descritto dalle lancette di un orologio che segna le 4:10. [60°]

10 Gli angoli consecutivi $a\widehat{O}b$ e $b\widehat{O}c$ sono tali che $b\widehat{O}c - a\widehat{O}b = 96°$ e il supplementare di $a\widehat{O}c$ misura 60°. **Determina** le ampiezze di $a\widehat{O}b$ e $b\widehat{O}c$. [12°; 108°]

11 La somma di α e del doppio del supplementare di α misura 280°. Quanto misura α? [80°]

12 Gli angoli $a\widehat{O}b$, $b\widehat{O}c$ e $c\widehat{O}d$ sono a due a due consecutivi. **Trova** le ampiezze dei tre angoli, sapendo che $a\widehat{O}b = \frac{1}{3}b\widehat{O}c$, $c\widehat{O}d$ è complementare di $a\widehat{O}b$ e la somma dei tre angoli misura 123°. [11°; 33°; 79°]

CAPITOLO 13

TRIANGOLI

1 Lati, angoli, segmenti particolari

Classificazione rispetto ai lati

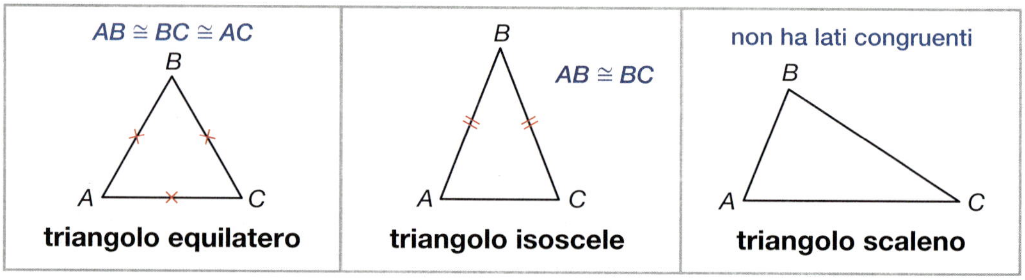

Rispetto ai lati, un triangolo è **equilatero** se ha i tre lati congruenti; **isoscele** se ha due lati congruenti; **scaleno** se non ha lati congruenti.

PROVA SUBITO Classifica i seguenti triangoli rispetto ai lati.

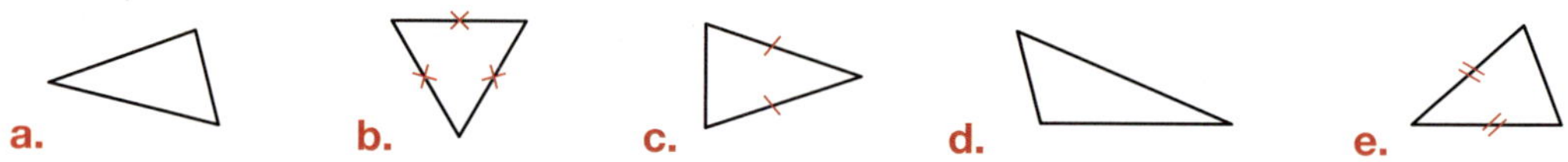

Classificazione rispetto agli angoli

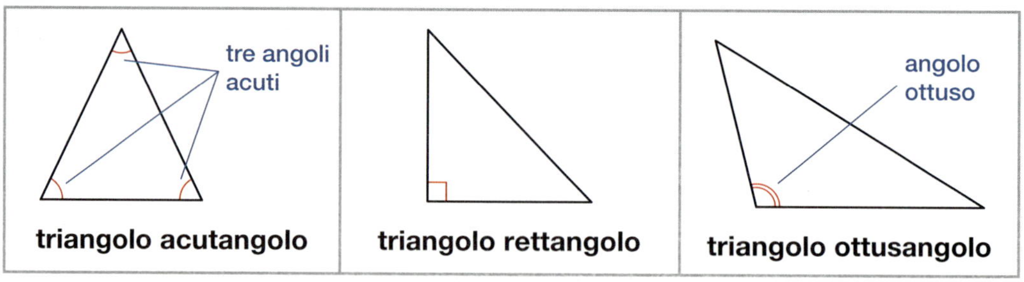

Rispetto agli angoli, un triangolo è **acutangolo** se ha i tre angoli acuti; **rettangolo** se ha un angolo retto; **ottusangolo** se ha un angolo ottuso.

PROVA SUBITO Classifica i seguenti triangoli rispetto agli angoli. Se il triangolo è rettangolo indica qual è l'ipotenusa e quali sono i cateti.

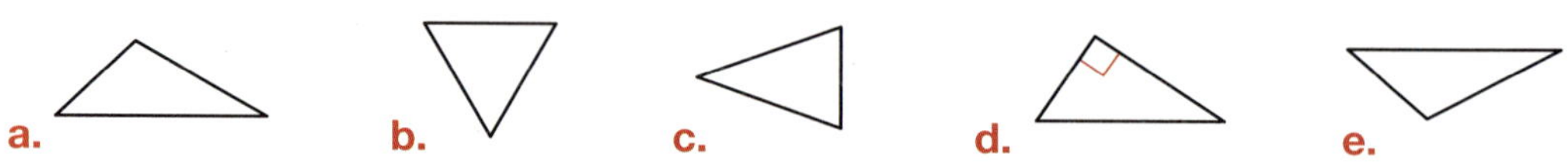

Segmenti particolari

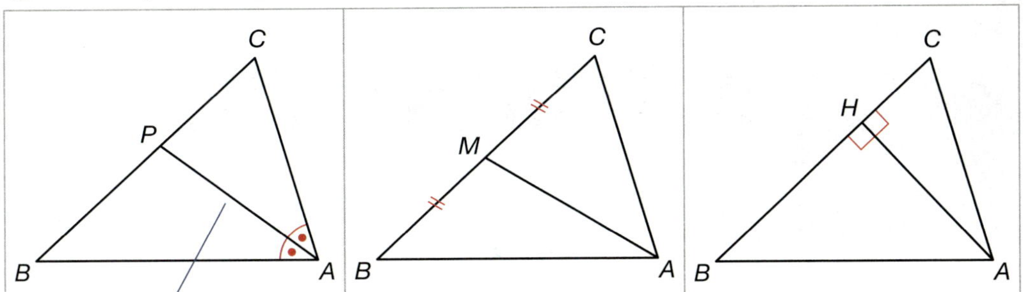

AP bisettrice di $\widehat{A}$: $B\widehat{A}P \cong C\widehat{A}P$

AM mediana relativa a *BC*: $BM \cong CM$

AH altezza relativa a *BC*: $B\widehat{H}A$ e $C\widehat{H}A$ retti

In un triangolo:
- la **bisettrice** di un angolo è il segmento sulla bisettrice dell'angolo che appartiene al triangolo;
- la **mediana** relativa a un lato è il segmento che congiunge il vertice opposto al lato e il punto medio del lato stesso;
- l'**altezza** relativa a un lato è il segmento che ha un estremo nel vertice opposto al lato e l'altro estremo sul lato stesso, o sul suo prolungamento, preso in modo da formare due angoli retti.

PROVA SUBITO Disegna e ricopia più volte un triangolo acutangolo e un triangolo ottusangolo. Traccia le bisettrici, le mediane e le altezze.

Esercizi

1 ●○ **Disegna** tre triangoli: uno scaleno, uno isoscele e uno equilatero. Che tipo di classificazione hai seguito?

2 ●○ **Disegna** tre triangoli: uno acutangolo, uno rettangolo e uno ottusangolo. Che tipo di classificazione hai seguito?

3 ●○ **Disegna** i triangoli dell'esercizio precedente e in ciascuno traccia le bisettrici, poi ridisegnali e traccia le mediane, poi ridisegnali ancora e traccia le altezze.

4 ●○ In un triangolo *ABC*, l'ampiezza dell'angolo $\widehat{A}$ è 70°, mentre quella dell'angolo $\widehat{B}$ è 58°. **Quanto misurano** rispettivamente gli angoli esterni di vertice *A* e di vertice *B*?

5 ●○ L'angolo esterno di un triangolo, ha ampiezza 116°. **Quanto misura** ciascuno dei due angoli formati dalla bisettrice dell'angolo interno adiacente a questo?

> Per ogni vertice ci sono **due angoli esterni** adiacenti all'angolo interno che ha lo stesso vertice.

6 ●○ Date le ampiezze degli angoli, **scrivi** di che triangolo si tratta:

a. 40°, 85°, 55°; triangolo ______________;

b. 20°, 110°, 50°; triangolo ______________;

c. 40°, 50°, 90°; triangolo ______________.

2 Criteri di congruenza dei triangoli

Primo criterio

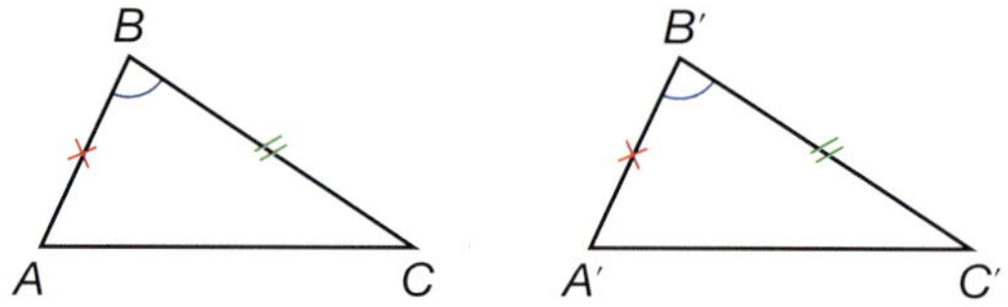

$\widehat{B} \cong \widehat{B'}$
$AB \cong A'B'$ $\rightarrow$ $ABC \cong A'B'C'$
$BC \cong B'C'$

Secondo criterio

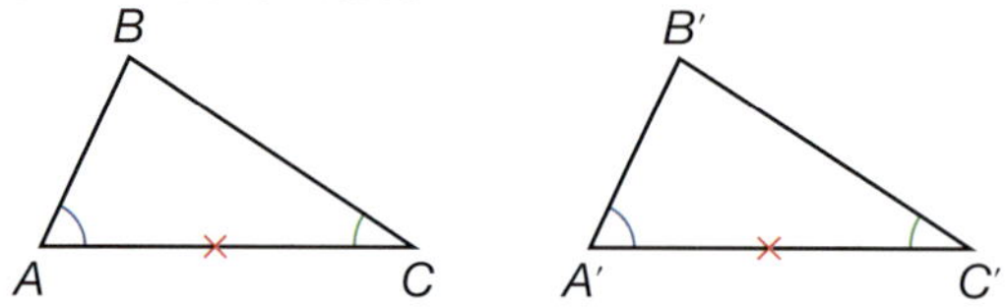

$\widehat{A} \cong \widehat{A'}$
$\widehat{C} \cong \widehat{C'}$ $\rightarrow$ $ABC \cong A'B'C'$
$AC \cong A'C'$

Terzo criterio

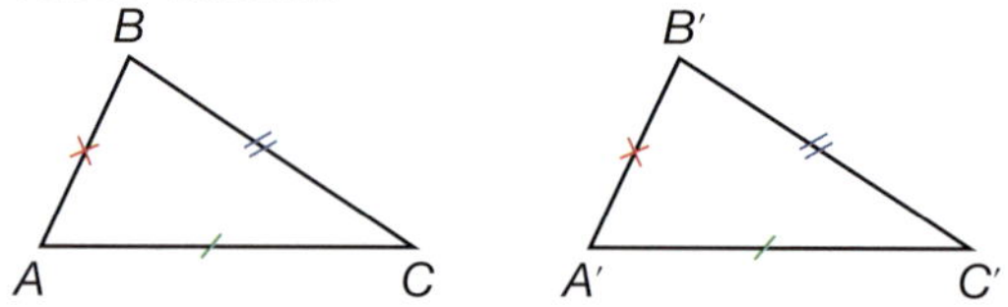

$AB \cong A'B'$
$BC \cong B'C'$ $\rightarrow$ $ABC \cong A'B'C'$
$AC \cong A'C'$

Primo criterio: due triangoli sono congruenti se hanno ordinatamente congruenti due lati e l'angolo compreso fra i due lati.

Secondo criterio: due triangoli sono congruenti se hanno ordinatamente congruenti un lato e gli angoli adiacenti al lato.

Terzo criterio: due triangoli sono congruenti se hanno ordinatamente congruenti tre lati.

PROVA SUBITO Indica le coppie di triangoli congruenti e in base a quale criterio. Per rispondere usa le informazioni in rosso.

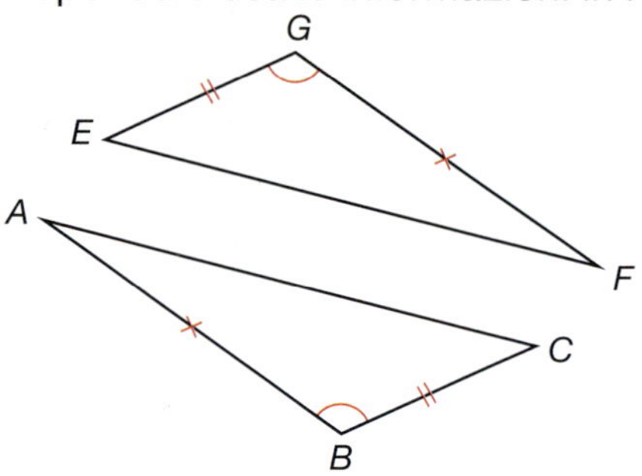

a.

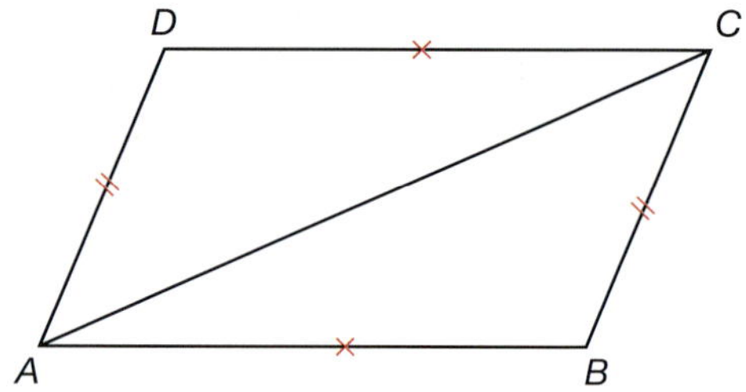

c.

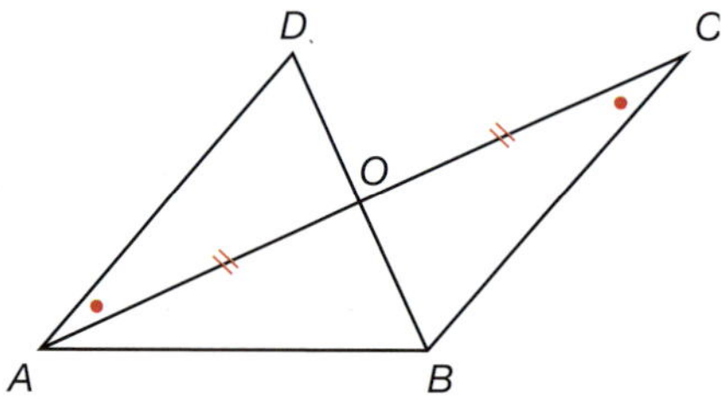

b.

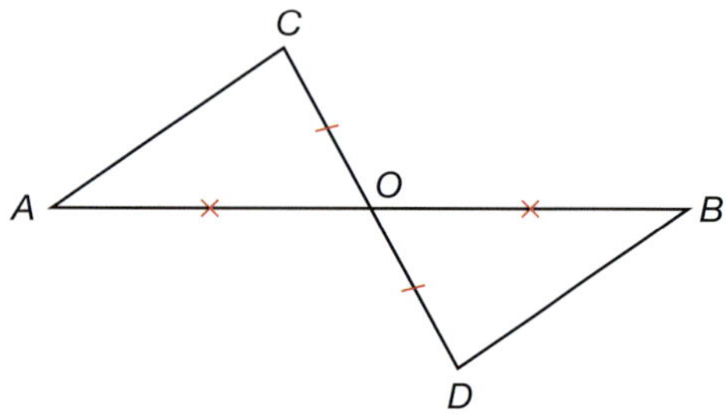

d.

Esercizi

Primo criterio di congruenza

7 In ognuna delle figure, **indica**, se esiste, la coppia di triangoli che puoi dire congruenti in base al primo criterio, usando le informazioni segnate in verde.

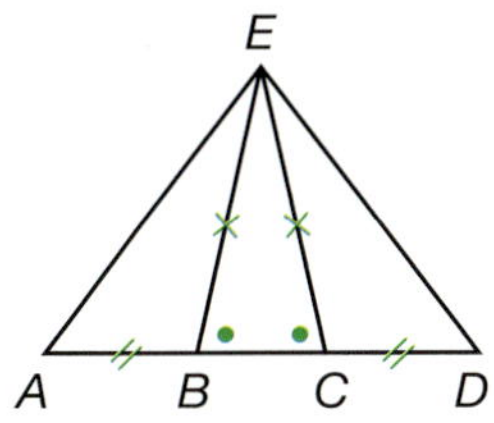

a.

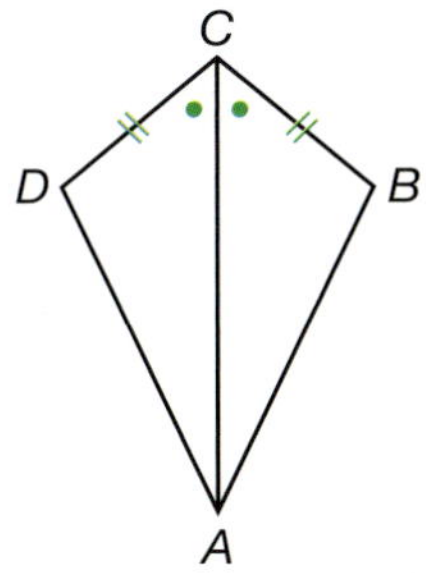

b.

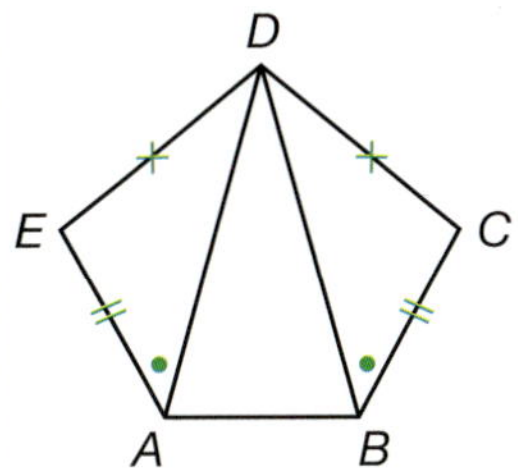

c.

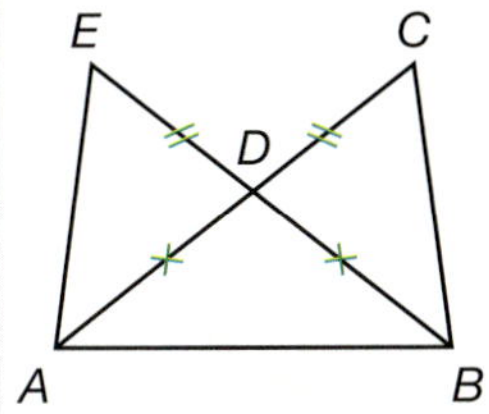

d.

8 **DIMOSTRAZIONE GUIDATA**

Due segmenti AB e CD si incontrano nel loro punto medio M. Dimostra che $AC \cong BD$.

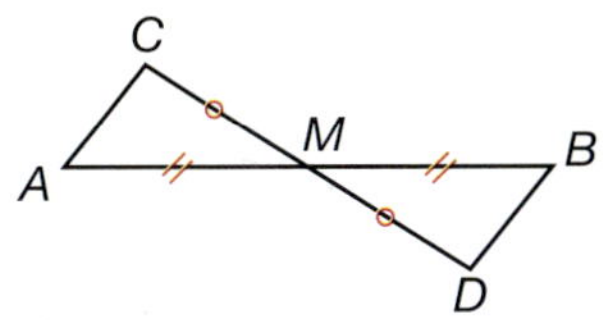

Ipotesi: $AM \cong$ ____; $CM \cong$ ____. **Tesi**: $AC \cong BD$

Dimostrazione

I triangoli ACM e MDB hanno:

$AM \cong$ ____ e ____ $\cong MD$ per ipotesi; $A\widehat{M}C \cong$ ____ perchè angoli opposti al vertice. Quindi $ACM \cong MDB$ per il ____ criterio. In particolare, $AC \cong BD$.

9 Nel triangolo PQR, prolunga la mediana RT di un segmento $TS \cong RT$. Traccia PS. **Dimostra** che i triangoli PTS e RTQ sono congruenti.

10 **DIMOSTRAZIONE GUIDATA**

I triangoli ABC e $A'B'C'$ hanno $AB \cong A'B'$, $C\widehat{A}B \cong C'\widehat{A'}B'$ e le bisettrici AR e $A'R'$ congruenti. Dimostra che i triangoli ABR e $A'B'R'$ sono congruenti.

Ipotesi: $AB \cong A'B'$
$C\widehat{A}B \cong$ ____
____ $\cong R\widehat{A}B$
$C'\widehat{A'}R' \cong R'\widehat{A'}B'$
$AR \cong$ ____

Tesi: $ARB \cong A'R'B'$

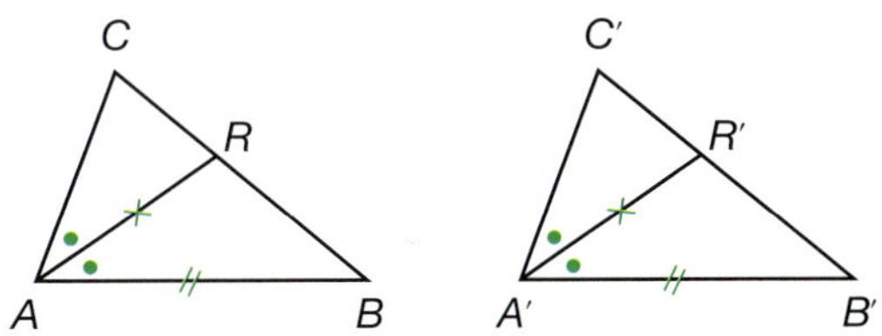

Dimostrazione

I triangoli ARB e $A'R'B'$ hanno:

$AB \cong A'B'$ per ipotesi; $AR \cong A'R'$ per ____; $R\widehat{A}B \cong R'\widehat{A'}B'$ perché metà di angoli ____.

Quindi ARB e $A'R'B'$ sono congruenti per il primo criterio di congruenza.

11 Disegna un triangolo isoscele ABC di base AB e prolunga i lati AC e BC di due segmenti CR e CS tra loro congruenti. **Dimostra** che $A\widehat{S}C \cong B\widehat{R}C$.

Secondo criterio di congruenza

12 In ognuna delle seguenti figure, **indica** la coppia di triangoli che puoi dire congruenti in base al secondo criterio usando le informazioni segnate in verde.

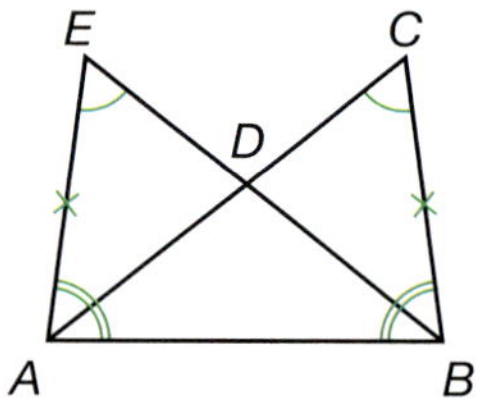

a.

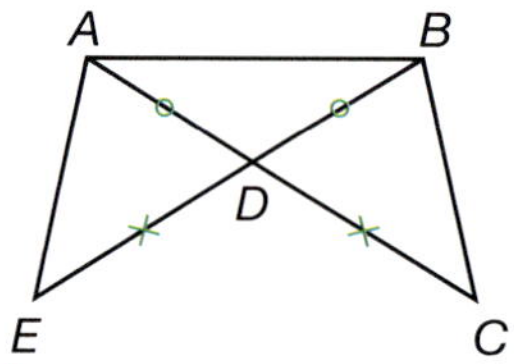

b.

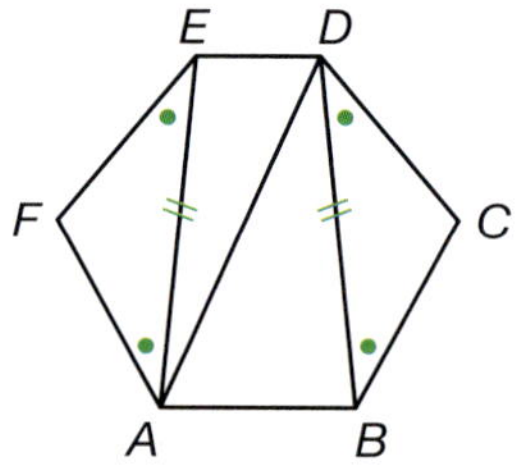

c.

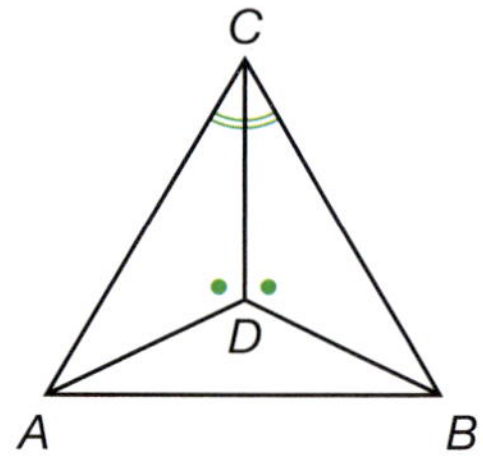

d.

13 **DIMOSTRAZIONE GUIDATA**

Considera un segmento AB e due semirette di origine A e B, che formino da parti opposte rispetto ad AB due angoli congruenti. Per il punto medio O di AB, traccia una retta che intersechi le due semirette in C e D. Dimostra che $A\widehat{C}O \cong B\widehat{D}O$.

Ipotesi: $AO \cong$ ______ **Tesi**: $A\widehat{C}O \cong B\widehat{D}O$

______ $\cong O\widehat{B}D$

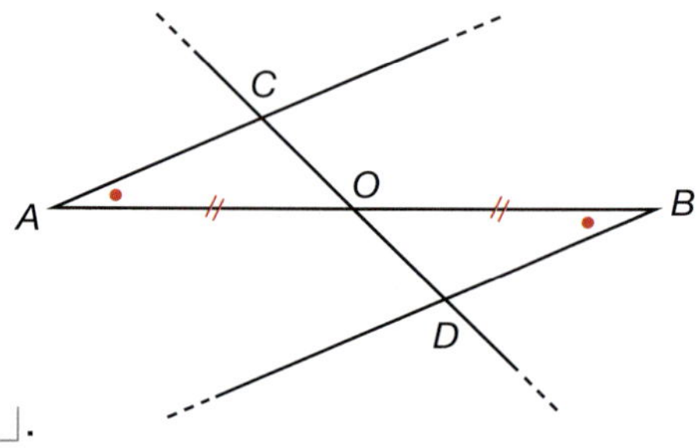

Dimostrazione

I triangoli CAO e DBO hanno:

- ______ $\cong OB$ per ipotesi;
- $C\widehat{A}O \cong$ ______ per ipotesi;
- $C\widehat{O}A \cong$ ______ perché opposti al ______.

Quindi sono congruenti per il ______ criterio di congruenza dei triangoli; in particolare $A\widehat{C}O \cong B\widehat{D}O$.

14 Sui lati di un angolo di vertice O considera rispettivamente i segmenti $OA \cong OB$ e $AC \cong BD$. Congiungi A con D e C con B. I segmenti AD e BC s'intersecano in P. **Dimostra** che: **a.** $OBC \cong OAD$; **b.** $APC \cong BPD$.

15 **Dimostra** che i triangoli in figura sono congruenti.

16 Nella figura, AB è bisettrice degli angoli $C\widehat{A}C'$ e $C\widehat{B}C'$. **Dimostra** che i triangoli CAC' e CBC' sono isosceli.

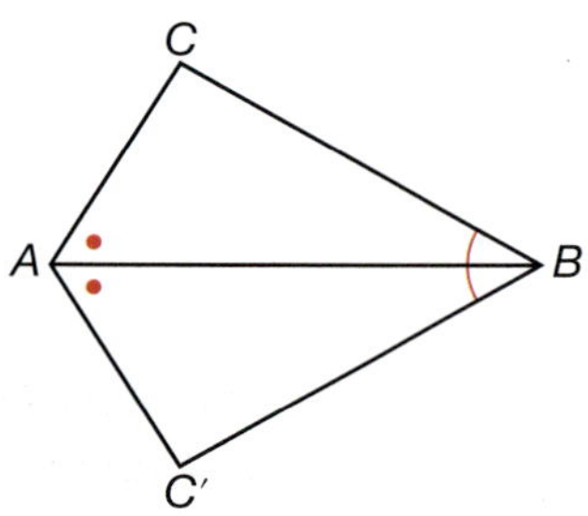

Terzo criterio di congruenza

17 In ognuna delle seguenti figure, **indica**, se esiste, la coppia di triangoli che puoi dire congruenti in base al terzo criterio usando le informazioni segnate in verde.

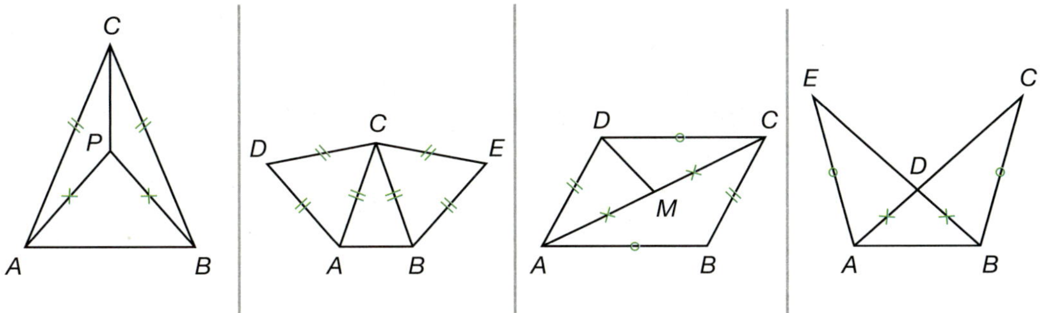

a. **b.** **c.** **d.**

18 **DIMOSTRAZIONE GUIDATA**

Disegna un segmento *MN* e costruisci da parti opposte rispetto a *MN* due triangoli isosceli *MNQ* e *MNQ'*. Dimostra che *QQ'* è bisettrice degli angoli $M\widehat{Q}N$ e $M\widehat{Q'}N$.

Ipotesi: $MQ \cong$ ____
$MQ' \cong Q'N$

Tesi: $M\widehat{Q}Q' \cong N\widehat{Q}Q'$
____ $\cong N\widehat{Q'}Q$

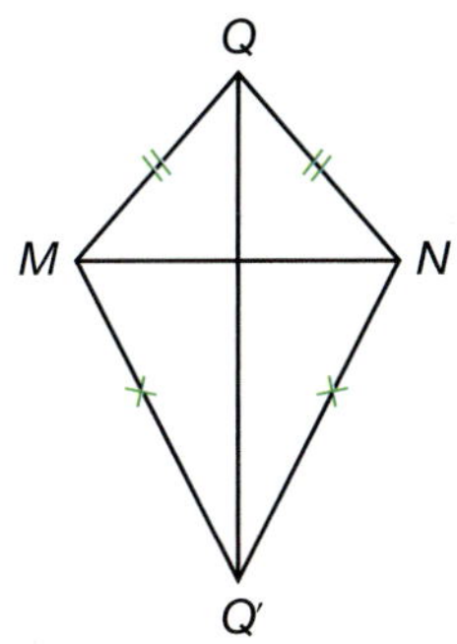

Dimostrazione

I triangoli *MQQ'* e *NQQ'* hanno:

- $MQ \cong QN$ per ____;
- $MQ' \cong$ ____ per ipotesi;
- ____ in comune.

Quindi sono congruenti per il ____ criterio di congruenza.
In particolare $M\widehat{Q}Q' \cong N\widehat{Q}Q'$ e $M\widehat{Q'}Q \cong N\widehat{Q'}Q$.

19 In un triangolo isoscele *ABC* di base *AB* traccia la mediana *CM*. **Dimostra** che i triangoli *CBM* e *ACM* sono congruenti.

20 Nel triangolo in figura i triangoli *ABC* e *ABC'* sono congruenti. I lati *AC* e *AC'* si intersecano in un punto *P*, tale che *APB* è isoscele. **Dimostra** che i triangoli *PBC* e *PAC'* sono congruenti.

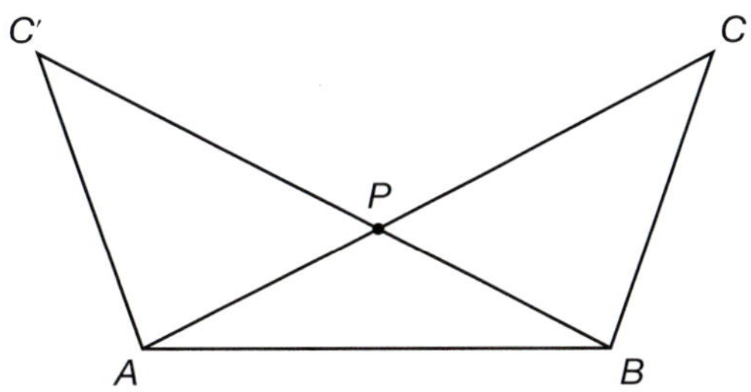

21 I triangoli *ABC* e *A'B'C'* hanno $AB \cong A'B'$, $AC \cong A'C'$. Inoltre sono congruenti le mediane *CM* e *C'M'*. **Dimostra** che i due triangoli sono congruenti.

3 Triangolo isoscele

Teorema del triangolo isoscele

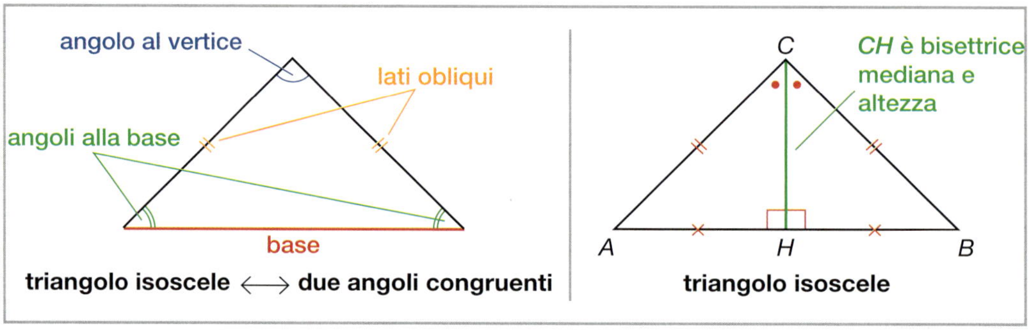

Teorema del triangolo isoscele: se un triangolo è isoscele, allora ha gli angoli alla base congruenti.

Teorema inverso: se un triangolo ha due angoli congruenti, allora è isoscele.

In un triangolo isoscele la bisettrice dell'angolo al vertice è anche mediana e altezza relativa alla base.

PROVA SUBITO Disegna un triangolo rettangolo ABC, con ipotenusa AC e con gli angoli acuti congruenti. Come sono i cateti? In base a quale teorema?

Traccia l'altezza BH relativa all'ipotenusa. Qual è l'ampiezza degli angoli $A\widehat{B}H$ e $C\widehat{B}H$? Come sono i segmenti AH e CH? Perché?

Esercizi

Teorema del triangolo isoscele

22 **DIMOSTRAZIONE GUIDATA**

Dato un triangolo isoscele ABC, prolunga la base AB di due segmenti $AR \cong BS$. Traccia CR e CS e dimostra che RSC è isoscele.

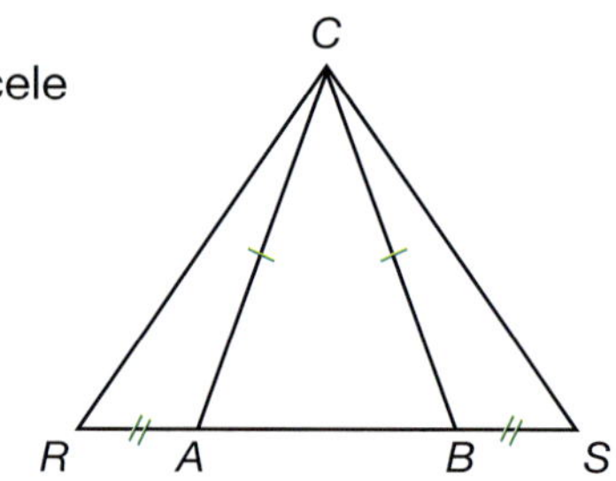

Ipotesi: $AC \cong BC$
$AR \cong$ ______

Tesi: RSC isoscele

Dimostrazione

I triangoli ARC e BSC hanno:

- $AC \cong BC$ per ______;
- $AR \cong$ ______ per ipotesi;
- $C\widehat{A}R \cong C\widehat{B}S$ poiché angoli ______ di $C\widehat{A}B \cong C\widehat{B}A$, che sono gli angoli alla ______ del triangolo isoscele.

Quindi sono congruenti per il ______ criterio di congruenza, in particolare $RC \cong CS$. Pertanto RCS è isoscele.

23 **Dimostra** che se due triangoli isosceli hanno congruenti l'angolo al vertice e un lato obliquo, allora sono congruenti.

24 ●○ Il triangolo ABC in figura è isoscele.

Gli angoli $E\hat{A}B$ e $D\hat{B}A$ sono congruenti.

Dimostra che $ABD \cong ABE$.

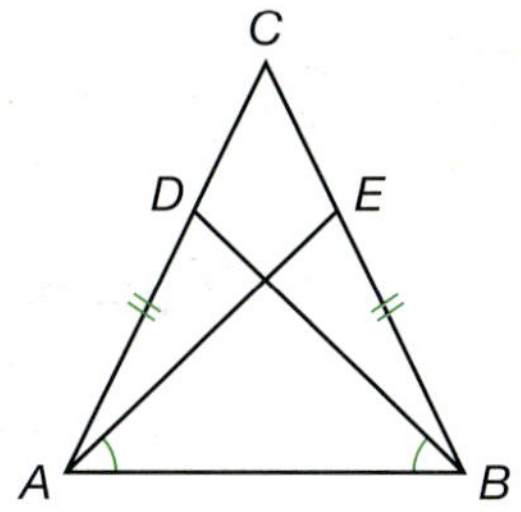

Teorema inverso

25 **DIMOSTRAZIONE GUIDATA**

Il triangolo ABC è isoscele sulla base AB. Prolunga i lati AC e BC di due segmenti congruenti AD e BE. Congiungi A con E e B con D. I segmenti AE e BD s'incontrano in P. Dimostra che APB è isoscele.

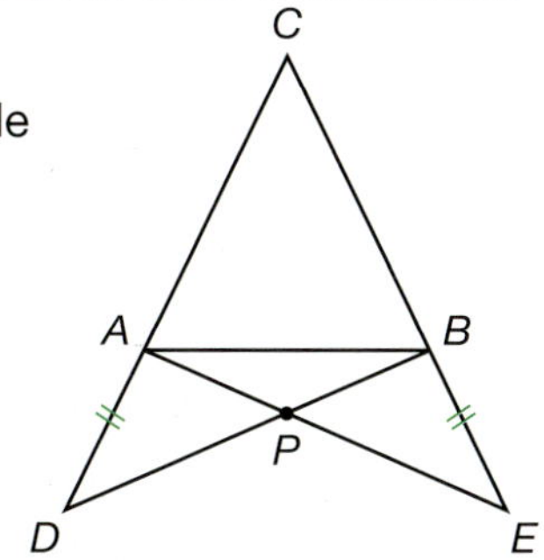

Ipotesi: ABC isoscele
$AD \cong$ ______

Tesi: APB isoscele

Dimostrazione

I triangoli ADB e AEB hanno:

- AB in ______;
- $AD \cong BE$ per ______;
- $D\hat{A}B \cong A\hat{B}E$ poiché angoli ______ di $C\hat{A}B \cong C\hat{B}A$, che sono gli angoli alla base di ABC.

Quindi sono congruenti per il ______ criterio di congruenza, in particolare $E\hat{A}B \cong$ ______. Dunque siccome il triangolo APB ha due angoli ______, è isoscele per il teorema ______.

26 ●● Il triangolo EFG è isoscele sulla base EF. Prolunga EG ed FG rispettivamente di due segmenti $GL \cong GM$. Traccia ME e FL e prolungali indicando con P il loro punto d'intersezione.

Dimostra che PEF è isoscele.

Considera i triangoli MFE e LEF.

Altezza, mediana, bisettrice relative alla base

27 **DIMOSTRAZIONE GUIDATA**

I triangoli ABC e ABD sono scaleni, congruenti e situati da parti opposte rispetto ad AB, come in figura. Dimostra che AB incontra CD nel suo punto medio.

Ipotesi: $ABC \cong ABD$

Tesi: ______ $\cong HD$

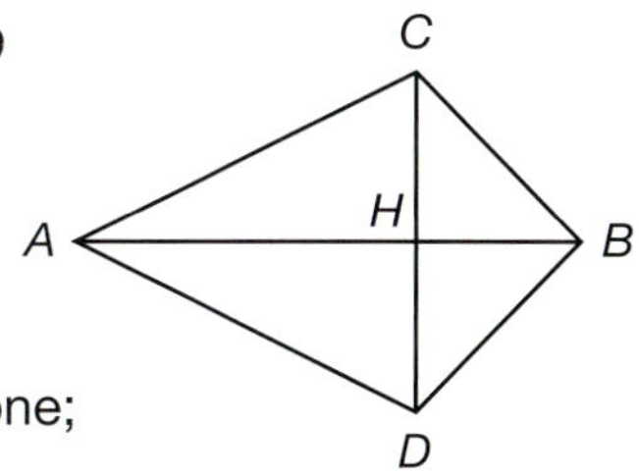

Dimostrazione

Tracciamo CD.

Il triangolo ACD ha:

- $AC \cong$ ______ per ipotesi, pertanto è isoscele per definizione;
- $C\hat{A}H \cong D\hat{A}H$ per ______.

Quindi AH è ______ di $C\hat{A}D$ e di conseguenza anche mediana, per cui $CH \cong HD$.

28 ●● In un triangolo scaleno ABC traccia l'altezza CH relativa al lato AB e prolungala di un segmento HD congruente a CH. Dimostra che CAD è isoscele. Traccia la mediana CM e prolungala di un segmento ME congruente a CM. **Dimostra** che $BE \cong AD$.

4 Disuguaglianze nei triangoli

Disuguaglianze triangolari

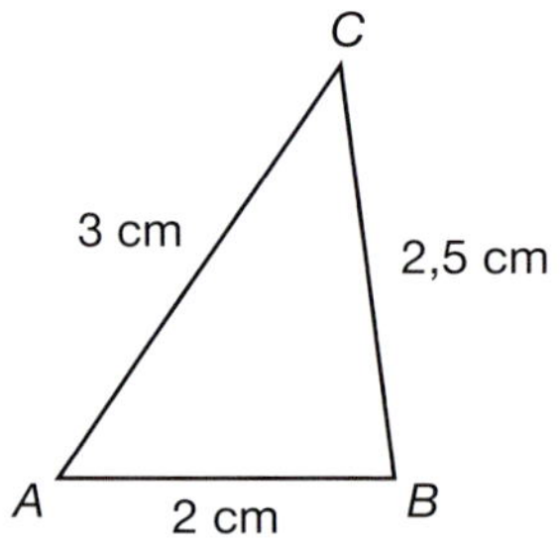

$AB < AC + BC$
$AB > AC - BC$

In un triangolo un lato è minore della somma degli altri due e maggiore della loro differenza.

PROVA SUBITO Considera tre segmenti di lunghezze 3 cm, 4 cm e 8 cm e prova a disegnare un triangolo che abbia i lati congruenti ai tre segmenti. È possibile? Puoi usare una disuguaglianza triangolare per giungere alla stessa conclusione, senza disegni?

Esercizi

29 Quali delle seguenti terne possono rappresentare le misure in centimetri dei tre lati di un triangolo? Cerchiale.
3, 4, 5; 4, 5, 20; 10, 20, 40; 2, 3, 4; 10, 15, 15.

30 **DIMOSTRAZIONE GUIDATA**

Dimostra che nel quadrilatero *EFGH* la somma delle diagonali è minore del perimetro, indicato con $2p$.

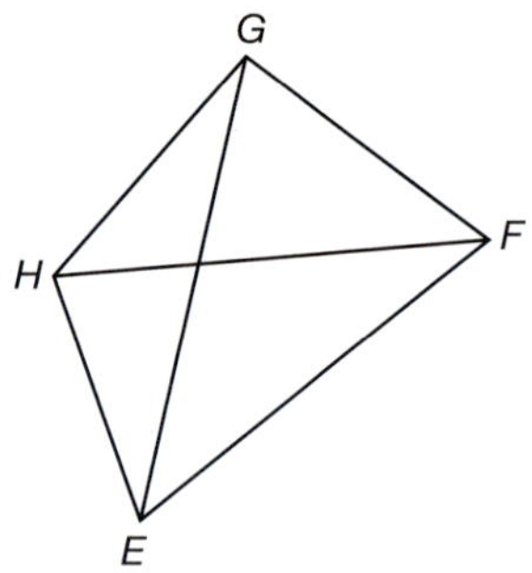

Ipotesi: *EFGH* quadrilatero **Tesi**: $EG + HF < 2p$

Dimostrazione

- Nel triangolo *EFG*: $EG <$ ____ $+ FG$ poiché un lato è minore della ____ degli altri due.
- Nel triangolo *EHG*: $EG < EH +$ ____ per lo stesso teorema.
- Nel triangolo *HEF*: $HF <$ ____, per lo stesso teorema.
- Nel triangolo ____: ____ $< HG + GF$, per lo stesso teorema.

Sommiamo membro a membro le disuguaglianze:
$2(EG + HF) < 2(EF + FG + GH + HE) \rightarrow 2(EG + HF) < 4p$.
Dividiamo per 2 entrambi i membri ____ $< 2p$.

31 In un triangolo un lato è 20 cm e un altro è 40 cm. La misura in centimetri del terzo lato è un numero naturale. Qual è al massimo il suo perimetro?

32 Un triangolo isoscele ha un lato di 70 cm e un altro lato di 35 cm. Quanto è lungo il terzo lato?

ESERCIZI DI RIEPILOGO TRIANGOLI

1 **Individua** le coppie di triangoli congruenti, indicando il criterio di congruenza relativo.

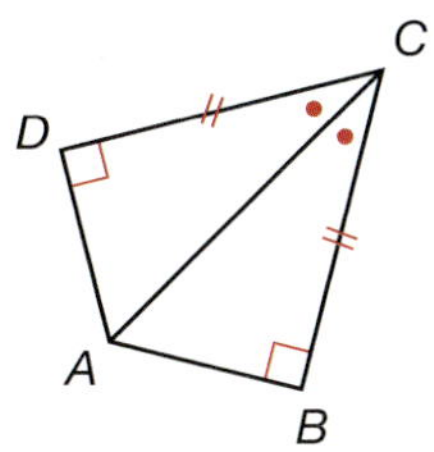

a.

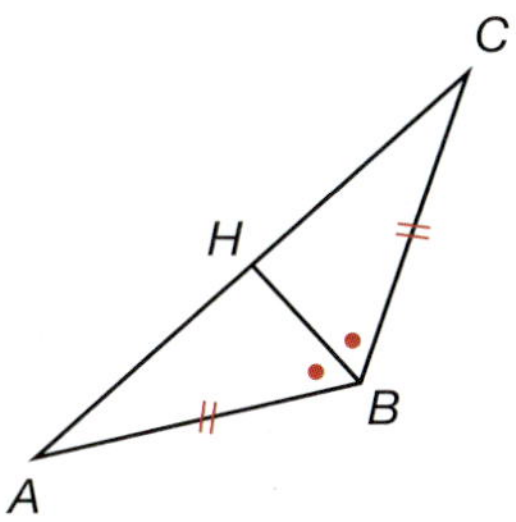

b.

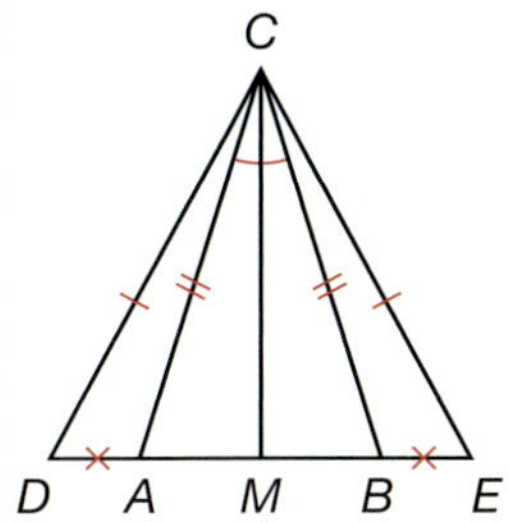

c.

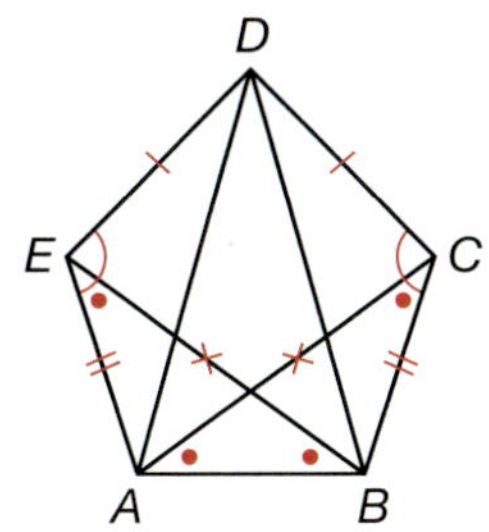

d.

2 Sono dati due segmenti AB e CD che s'intersecano nel punto P in modo che $AP \cong CP$ e $DP \cong BP$, ma AP diverso da PB. **Traccia** AD e CB e **dimostra** che $APD \cong CPB$.

3 In un triangolo ABC il lato AB misura 20 cm, il lato BC misura 38 cm e l'angolo compreso ha ampiezza 56°. In un altro triangolo EFG, l'angolo $E\widehat{F}G$ ha ampiezza 56°, la somma di EF ed FG è 58 cm ed FG supera di 18 cm EF. **Stabilisci** se i due triangoli sono congruenti e se lo sono precisa in base a quale criterio.

4 In un triangolo PQR i lati PQ e QR sono lunghi rispettivamente 10 cm e 8 cm. Il perimetro di PQR è 25 cm ed è uguale al perimetro di un triangolo LMN in cui il lato MN è inferiore di 1 cm rispetto al lato NL, e di 3 cm rispetto al lato ML. **Calcola** la misura dei lati di MNL e **stabilisci** se i due triangoli sono congruenti e se lo sono precisa in base a quale criterio.

5 Due triangoli ABC e $A'B'C'$ sono rettangoli in A e in A'. Sapendo che $AB \cong A'B'$, che $\widehat{B} = 45°$ e $\widehat{B'}$ è la metà di $\widehat{A'}$, **stabilisci** se i due triangoli sono congruenti e se lo sono precisa in base a quale criterio.

6 Nel triangolo ABC l'angolo interno di vertice B ha ampiezza 78°, AB è il triplo di BC e la loro somma è 100 cm. Nel triangolo EFG, l'angolo di vertice F misura 78°, il lato EF è lungo 75 cm e il lato FG misura 25 cm. **Stabilisci** se i due triangoli sono congruenti e se lo sono precisa in base a quale criterio. Potevi rispondere subito senza eseguire calcoli? Se sì, perché?

7 Sui lati obliqui del triangolo isoscele ABC di base AB, disegna i triangoli equilateri ACD e BCE. **Dimostra** che i triangoli DAB ed EAB sono congruenti.

8 Un triangolo isoscele ha il perimetro di 210 cm e il lato obliquo è triplo della base. **Calcola** la lunghezza dei suoi lati. [30 cm; 90 cm; 90 cm]

9 In un triangolo isoscele la base è inferiore di 12 cm rispetto al lato obliquo. Sapendo che il perimetro è 114 cm, **calcola** la lunghezza dei suoi lati. [30 cm; 42 cm; 42 cm]

E

CAPITOLO 14

PERPENDICOLARI E PARALLELE. PARALLELOGRAMMI E TRAPEZI

1 Rette perpendicolari e rette parallele

Rette perpendicolari e parallele

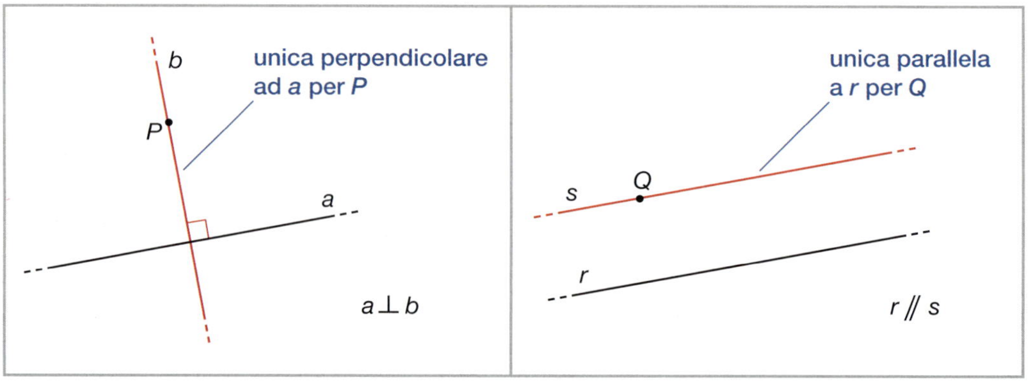

Due **rette** incidenti sono **perpendicolari** se incontrandosi formano quattro angoli retti.
Due **rette** sono **parallele** se non hanno punti in comune oppure coincidono.

PROVA SUBITO Disegna una retta *r* e un punto *P* esterno a *r*. Traccia la parallela e la perpendicolare a *r* passanti per *P*.

Asse e proiezioni

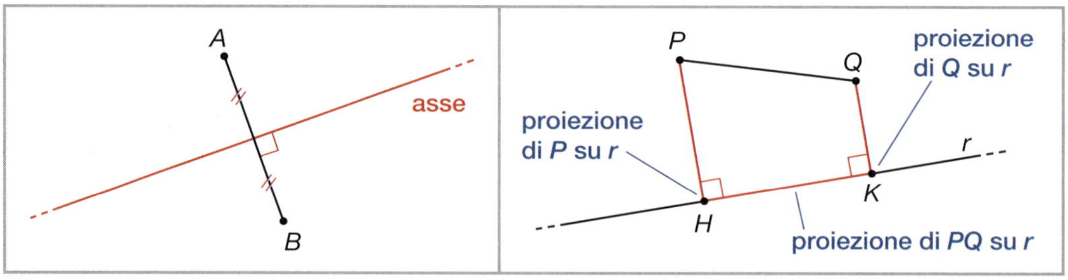

L'**asse di un segmento** è la retta perpendicolare al segmento passante per il suo punto medio.
Dati un punto *P* e una retta *r*, il punto *H* di intersezione tra *r* e la perpendicolare condotta da *P* a *r* è detto **proiezione** di *P* su *r*. La lunghezza del segmento *PH* è la **distanza** di *P* da *r*.

PROVA SUBITO Disegna tre diversi segmenti e i loro assi.

Criterio di parallelismo e suo inverso

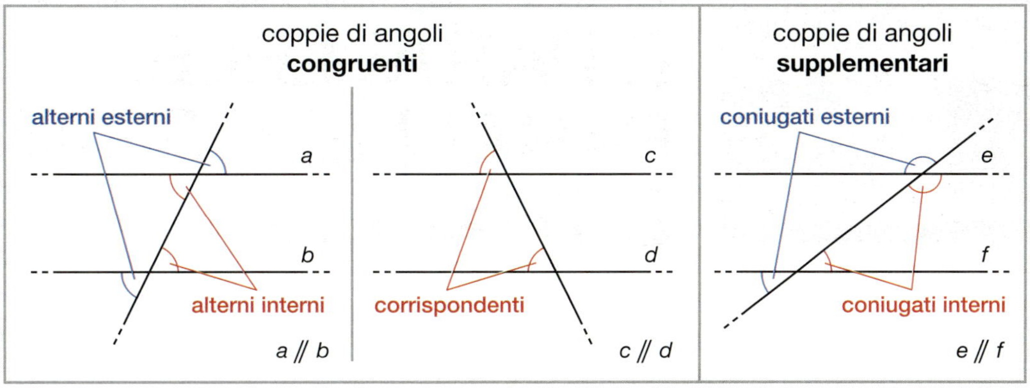

Criterio di parallelismo. Se due rette tagliate da una trasversale formano una delle coppie di angoli congruenti o supplementari indicate nella figura, allora le rette sono parallele.

Inverso del criterio di parallelismo. Se due rette sono parallele allora formano tutte le coppie di angoli, congruenti o supplementari, indicate in figura.

PROVA SUBITO Vero o falso?

a. $A\widehat{P}B \cong E\widehat{Q}D$. V F

b. $B\widehat{P}Q$ e $P\widehat{Q}C$ sono angoli alterni interni. V F

c. $D\widehat{Q}E$ e $E\widehat{Q}P$ sono supplementari. V F

d. $D\widehat{Q}E$ e $A\widehat{P}F$ sono coniugati esterni. V F

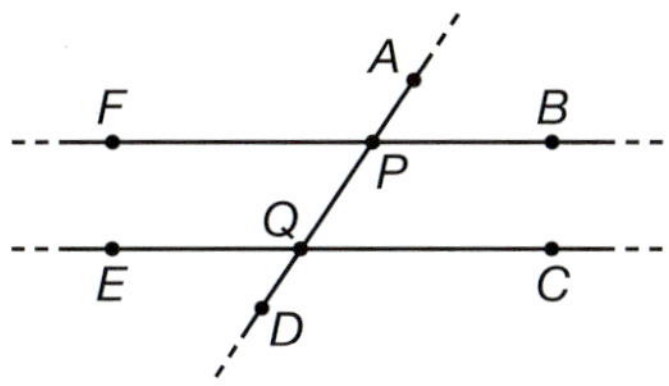

Esercizi

1 **Disegna** per P la parallela e la perpendicolare a ciascuna retta.

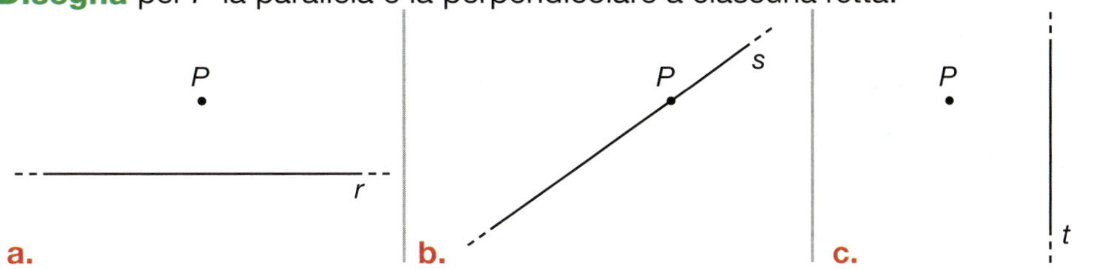

2 **Disegna** una retta r e considera due punti A e B non appartenenti a essa. Per A e B traccia le perpendicolari a r. Come sono tra loro queste due rette?

3 **Disegna** la proiezione dei segmenti sulla retta r.

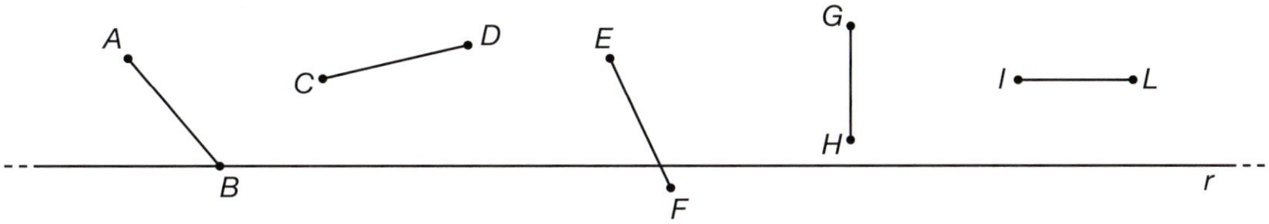

4 **Disegna** l'asse di ciascun segmento dell'esercizio precedente.

5 **DIMOSTRAZIONE GUIDATA**

Considera un triangolo isoscele ABC di base AB. Per A traccia una retta r e su di essa un punto D, tale che AB sia bisettrice dell'angolo $C\hat{A}D$. Dimostra che r è parallela a CB.

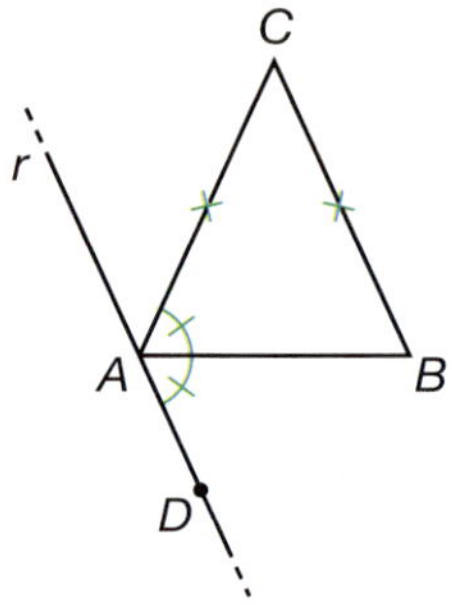

Ipotesi: ABC isoscele di base AB — **Tesi**: $r \parallel CB$

$D \in r$

$C\hat{A}B \cong$ ______

Dimostrazione

- $C\hat{B}A \cong$ ______ perché angoli alla base del triangolo isoscele.
- $C\hat{A}B \cong$ ______ per ipotesi.
- ______ $\cong B\hat{A}D$ per la proprietà transitiva.
- r e CB hanno, con trasversale AB, gli angoli ______ interni $C\hat{B}A$ e $B\hat{A}D$ congruenti, quindi $r \parallel CB$ per il criterio di parallelismo.

6 I segmenti AB e CD si intersecano nel loro punto medio O. Congiungi A con C e B con D. **Dimostra** che $AC \parallel BD$.

7 **DIMOSTRAZIONE GUIDATA**

Disegna un triangolo isoscele ABC di base BC e prolunga BA di un segmento AD qualsiasi. Per A traccia la retta r parallela a BC. Dimostra che r è bisettrice di $D\hat{A}C$.

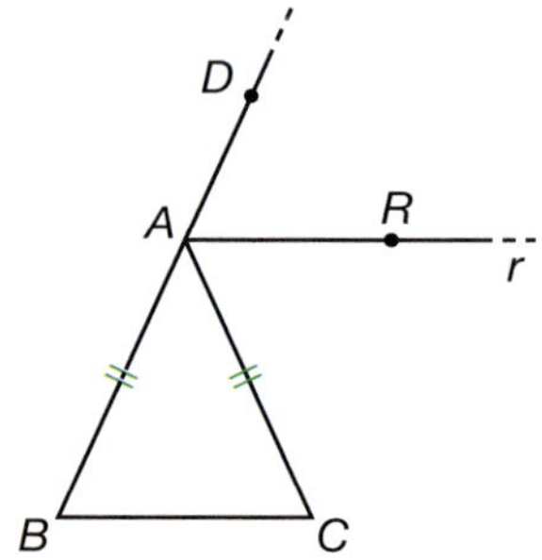

Ipotesi: ABC isoscele di base BC — **Tesi**: $D\hat{A}R \cong C\hat{A}R$

$r \parallel BC$

Dimostrazione

- ______ $\cong A\hat{B}C$ perché angoli corrispondenti di $r \parallel BC$ con trasversale ______.
- ______ $\cong A\hat{C}B$ perché angoli ______ interni di $r \parallel BC$ con trasversale AC.
- $A\hat{B}C \cong$ ______ perché angoli alla base del triangolo isoscele.

Quindi $D\hat{A}R \cong C\hat{A}R$ perché congruenti ad $A\hat{B}C$ e $A\hat{C}B$ fra loro congruenti.

8 Dato un triangolo ABC, per un punto E di AC traccia la parallela ad AB, che intersechi CB in F. Per F traccia la parallela ad AC, che intersechi AB in D. **Dimostra** che i triangoli EFA e FAD sono congruenti.

Con le misure

9 Due rette tagliate da una trasversale formano angoli coniugati esterni di 128° e 52°. Le due rette sono parallele?

10 Due rette parallele tagliate da una trasversale formano due angoli coniugati interni tali che il minore è inferiore di 48° rispetto al maggiore. Qual è l'ampiezza di ciascuno dei due angoli? [66°; 114°]

2 Proprietà degli angoli di un triangolo

Relazioni tra gli angoli interni ed esterni di un triangolo

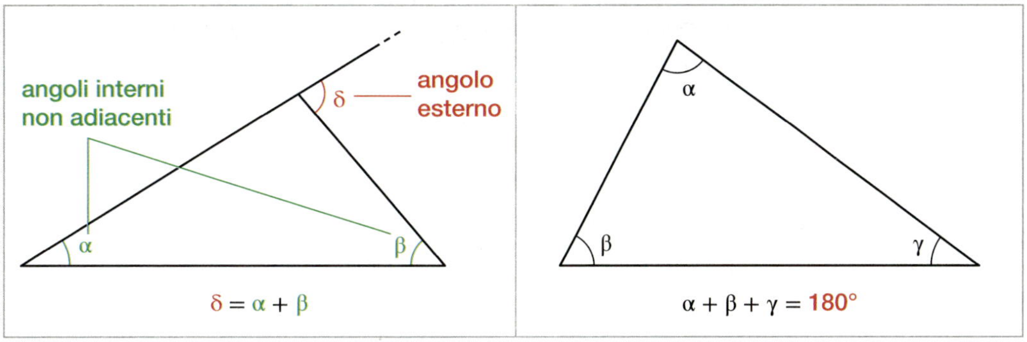

In un triangolo:

- ogni **angolo esterno** è congruente alla somma degli angoli interni non adiacenti;
- la **somma degli angoli interni** è congruente a un angolo piatto.

PROVA SUBITO Completa in modo che α, β e γ siano le ampiezze degli angoli di un triangolo e δ l'ampiezza dell'angolo esterno non adiacente a α e β.

a. $\alpha = 30°$; $\beta = 50°$; $\gamma =$ ____; $\delta =$ ____.
b. $\alpha =$ ____; $\beta = 20°$; $\gamma = 120°$; $\delta =$ ____.
c. $\alpha = 60°$; $\beta =$ ____; $\gamma =$ ____; $\delta = 120°$.

Esercizi

Determina le ampiezze degli angoli *x* e *y*.

11 ●○

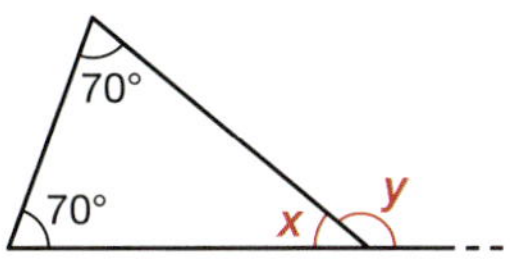

a.

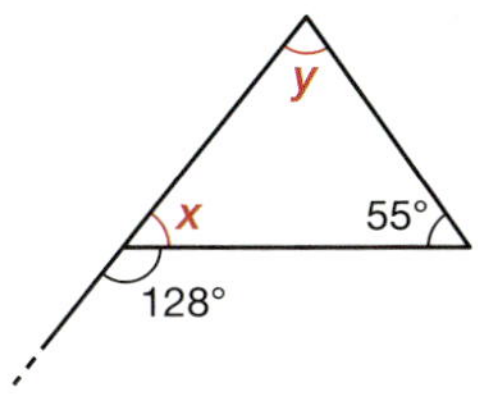

b.

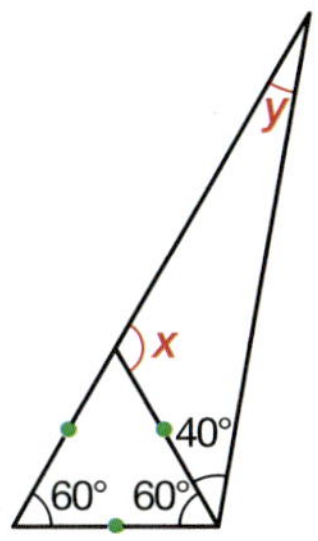

c.

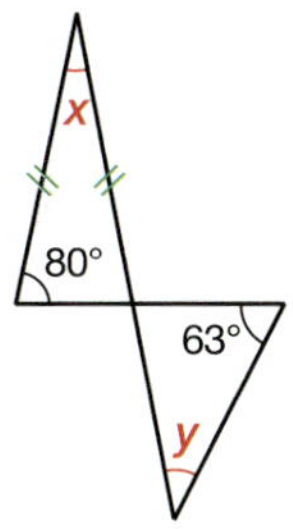

d.

12 ●○

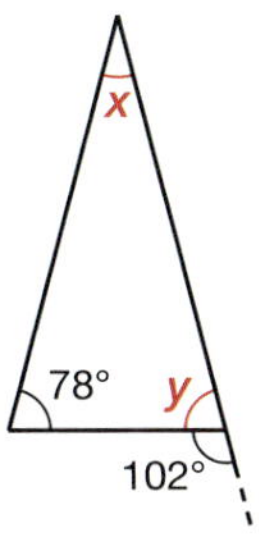

a.

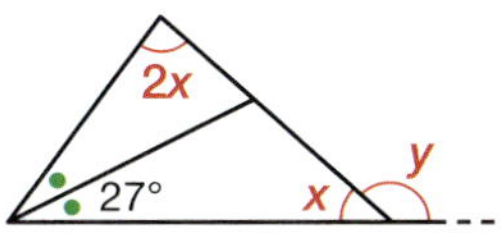

b.

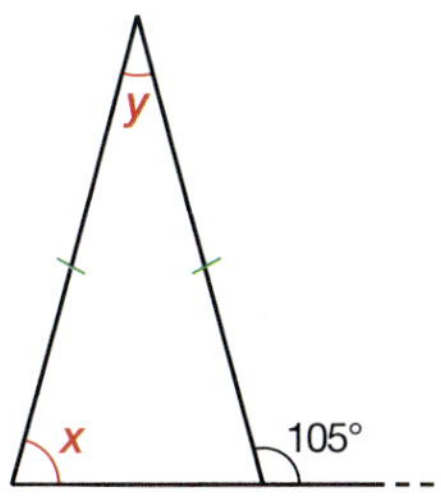

c.

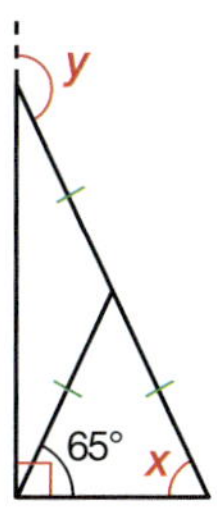

d.

13 ●○ L'angolo esterno di un triangolo ha ampiezza 126°. Sapendo che gli angoli interni non adiacenti a esso sono uno il doppio dell'altro, **calcola** la loro ampiezza. [42°; 84°]

14 ●○ In un triangolo *ABC* l'angolo interno $\widehat{A}$ misura 63°, mentre gli angoli interni $\widehat{B}$ e $\widehat{C}$ differiscono di 25°. **Calcola** l'ampiezza di $\widehat{B}$ e $\widehat{C}$. [46°; 71°]

3 Congruenza di triangoli rettangoli

Criteri di congruenza dei triangoli rettangoli

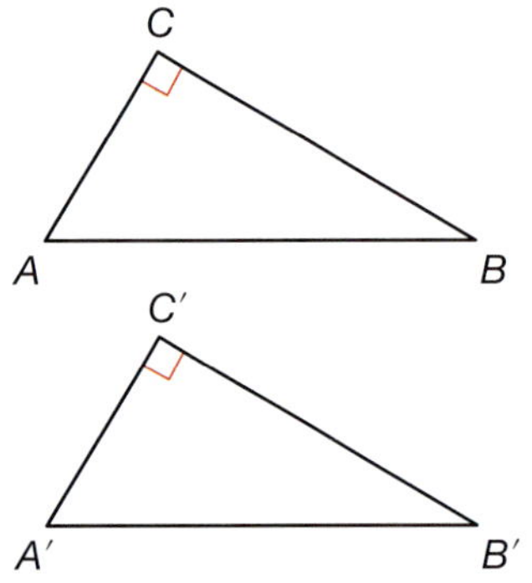

1. $AC \cong A'C'$ e $BC \cong B'C'$
2. $AC \cong A'C'$ e $\widehat{B} \cong \widehat{B'}$
3. $AB \cong A'B'$ e $\widehat{B} \cong \widehat{B'}$
4. $AB \cong A'B'$ e $AC \cong A'C'$

$\longrightarrow$ $ABC \cong A'B'C'$

Due triangoli rettangoli sono congruenti se hanno ordinatamente congruenti due lati (due cateti oppure l'ipotenusa e un cateto) *oppure* un lato e un angolo acuto.

PROVA SUBITO Per quale criterio puoi affermare che i triangoli della figura sono congruenti?

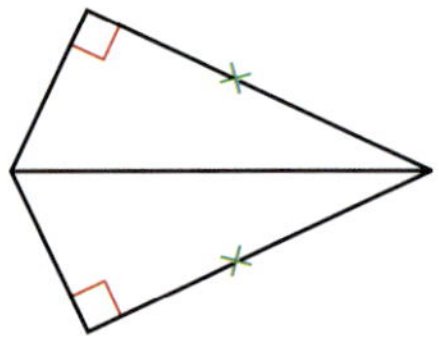

Esercizi

15 **Indica** le coppie di triangoli rettangoli congruenti, in base agli elementi congruenti indicati in figura, specificando qual è il criterio utilizzato.

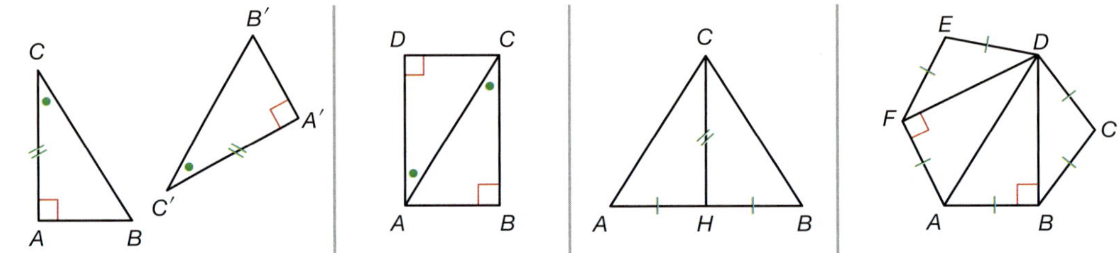

a. **b.** **c.** **d.**

16 **Dimostra** le congruenze fra triangoli: $AHB \cong A'H'B'$ e $ABC \cong A'B'C'$. Sai che i triangoli sono rettangoli e hanno congruenti gli elementi indicati in figura.

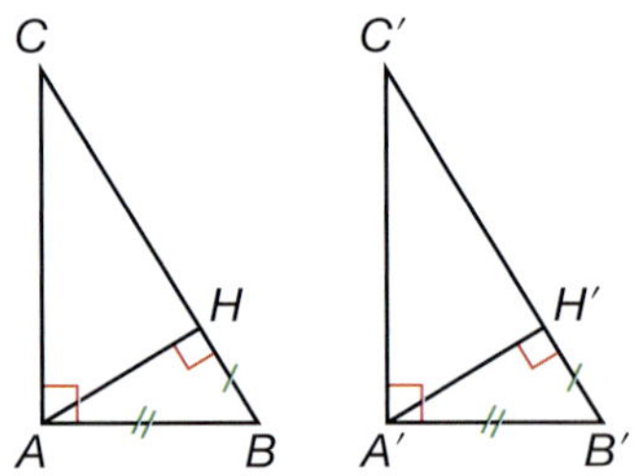

17 Il triangolo rettangolo ABC ha l'ipotenusa AB lunga 40 cm e un angolo acuto quadruplo dell'altro. Il triangolo rettangolo DEF ha un angolo di 72° e la somma del cateto DF con l'ipotenusa DE è 64 cm.
Inoltre DE supera DF di 16 cm. **Stabilisci** se i due triangoli sono congruenti e se lo sono, specifica in base a quale criterio.

4 Parallelogrammi

Parallelogramma

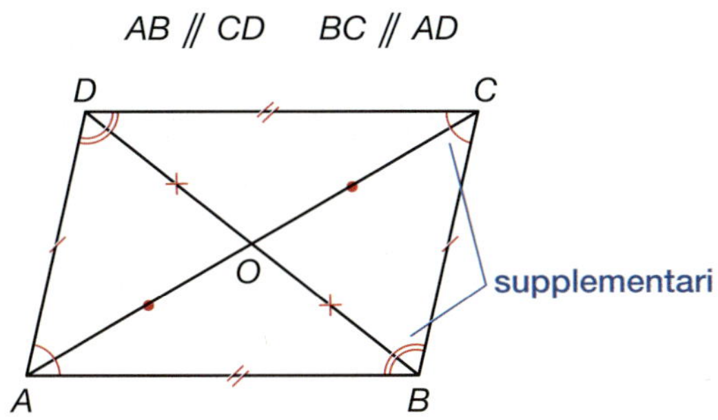

Proprietà:

- $AB \cong CD$, $BC \cong AD$;
- $\widehat{A} \cong \widehat{C}$, $\widehat{B} \cong \widehat{D}$;
- $AO \cong OC$, $BO \cong OD$;
- $\widehat{A} + \widehat{D} = \widehat{B} + \widehat{C} = 180°$.

Un **parallelogramma** è un quadrilatero con i lati opposti paralleli.
In un parallelogramma i lati opposti sono congruenti, gli angoli opposti sono congruenti, gli angoli adiacenti allo stesso lato sono supplementari, le diagonali si tagliano a metà.

PROVA SUBITO Preso il parallelogramma *ABCD*, spiega perché gli angoli segnati in figura sono congruenti e dimostra che i lati opposti del parallelogramma sono congruenti.

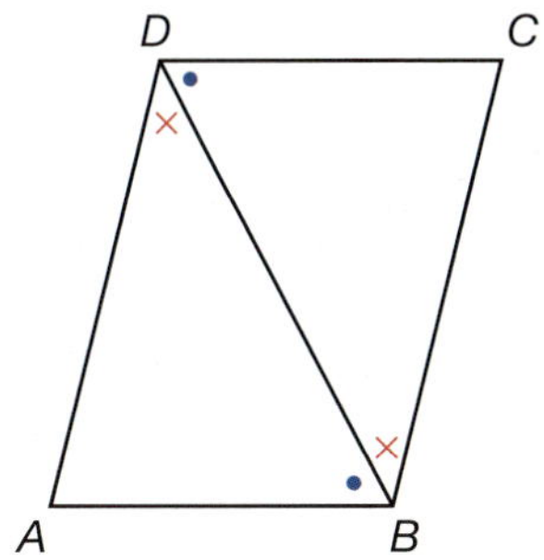

Rettangolo

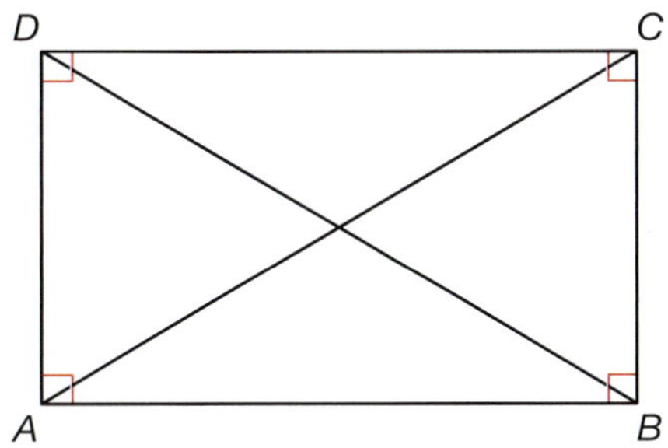

- *ABCD* è un parallelogramma;
- $\widehat{A} \cong \widehat{B} \cong \widehat{C} \cong \widehat{D} = 90°$.

Proprietà: $AC \cong BD$.

Un **rettangolo** è un parallelogramma in cui gli angoli sono tutti retti.

PROVA SUBITO Dimostra che in un rettangolo le diagonali sono congruenti.

Rombo

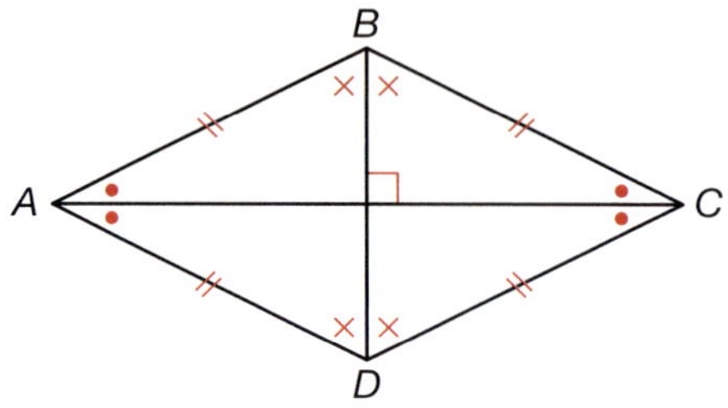

- *ABCD* è un parallelogramma;
- $AB \cong BC \cong CD \cong AD$.

Un **rombo** è un parallelogramma con tutti i lati congruenti.

PROVA SUBITO Dimostra che in un rombo le diagonali sono perpendicolari e sono bisettrici degli angoli.

Quadrato

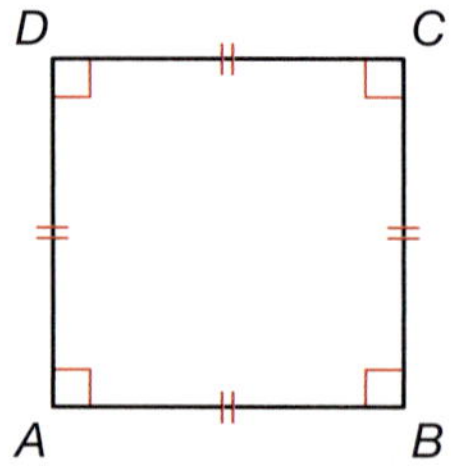

- *ABCD* è un parallelogramma;
- $\widehat{A} \cong \widehat{B} \cong \widehat{C} \cong \widehat{D}$;
- $AB \cong BC \cong CD \cong AD$.

Un **quadrato** è un parallelogramma in cui tutti gli angoli sono retti e tutti i lati sono congruenti.

PROVA SUBITO Perché un quadrato è sia un rombo sia un rettangolo?

Esercizi

Dimostrazioni

18 **DIMOSTRAZIONE GUIDATA**

Dato un parallelogramma *ABCD*, prolunga i lati *AB* e *CD* di due segmenti $BE \cong DF$. Dimostra che i triangoli *ADF* e *BCE* sono congruenti.

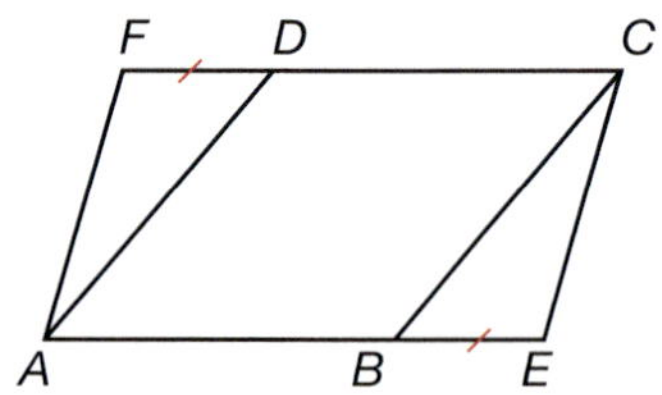

Ipotesi: ______ ______ **Tesi**: ______

Dimostrazione

I triangoli *ADF* e *BCE* hanno:

- $AD \cong BC$ perché lati ______ di un parallelogramma;
- $BE \cong DF$ per ______;
- $F\widehat{D}A \cong E\widehat{B}C$ poiché supplementari di $A\widehat{D}C \cong$ ______, che sono angoli ______ del parallelogramma.

Quindi sono congruenti per il ______ criterio di congruenza.

19 ●○ Nel parallelogramma $ABCD$ traccia la diagonale AC e le distanze DH e BK rispettivamente dei vertici D e B dalla diagonale AC. **Dimostra** che $DHA \cong BKC$.

20 ●○ **Dimostra** che se un parallelogramma ha un angolo retto è un rettangolo.

21 ●○ **Dimostra** che un parallelogramma con due lati consecutivi congruenti è un rombo.

22 **DIMOSTRAZIONE GUIDATA**

Sui lati del quadrato $RSTV$ considera nello stesso senso i segmenti $RE \cong SF \cong TG \cong VH$. Dimostra che $EFGH$ è un quadrato.

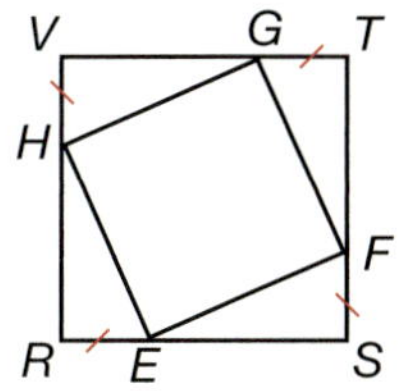

Ipotesi: $RSTV$ quadrato
$RE \cong SF \cong TG \cong VH$

Tesi: $EFGH$ quadrato

Dimostrazione

I triangoli HRE, ESF, FTG, GVH sono rettangoli e hanno:

- $RE \cong SF \cong TG \cong VH$ per ______;
- $HR \cong$ ______ $\cong$ ______ $\cong$ ______ perché ______ di segmenti congruenti.

Quindi i triangoli sono congruenti per il ______ criterio.
In particolare $EF \cong$ ______ $\cong$ ______ $\cong$ ______. Dunque ______ è un rombo.

Inoltre $R\widehat{H}E \cong F\widehat{E}S \cong G\widehat{F}T \cong V\widehat{G}H$ e complementari rispettivamente di $R\widehat{E}H \cong$ ______ $\cong F\widehat{G}T \cong$ ______.

L'angolo $H\widehat{E}F$ è retto perché è supplementare di $R\widehat{E}H$ e $F\widehat{E}S$ la cui somma è un angolo ______.

$EFGH$ ha tutti i lati congruenti e un angolo retto, per cui è un ______.

Con le misure

23 ●○ **Calcola** l'ampiezza di x e y.

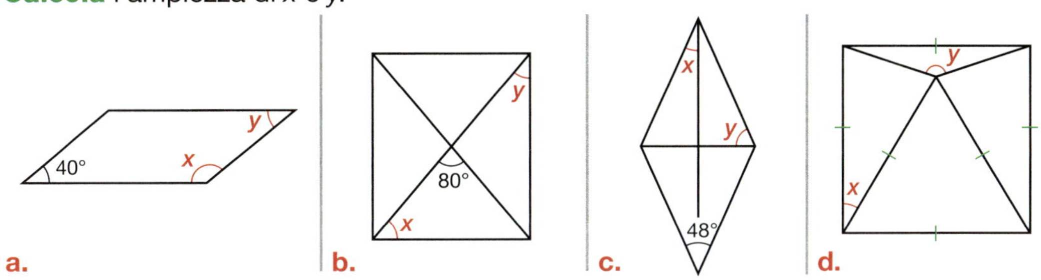

24 ●○ In un parallelogramma il perimetro misura 320 cm. Sapendo che un lato è $\frac{5}{3}$ dell'altro, **calcola** la misura di ciascun lato. [60 cm; 100 cm]

25 ●○ Nel triangolo ABC rettangolo in A, $AB = 30$ cm e $AC = 40$ cm. Preso un punto P sull'ipotenusa CB indica con PH e PK le distanze di P da AB e da AC. **Dimostra** che $AHPK$ è un rettangolo. Sapendo che $HB = 10$ cm e $CK = 25$ cm, **calcola** il perimetro del rettangolo. [70 cm]

26 ●○ Il rettangolo $EFGH$ ha perimetro di 168 cm. Sapendo che $FG \cong \frac{3}{4}EF$, **calcola** le misure di FG ed EF. Congiungi i punti medi L, M, N, P dei lati del rettangolo. Che figura è $LMNP$? **Motiva** la risposta. **Calcola** la lunghezza di LN e PM. [36 cm; 48 cm]

5 Trapezi

Definizioni

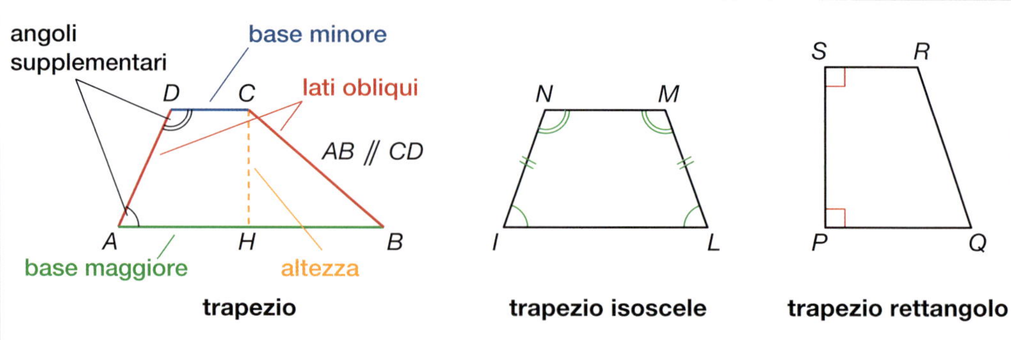

Un **trapezio** è un quadrilatero che ha solo due lati paralleli, la base maggiore e la base minore.

Un trapezio è:

- **isoscele** se ha i lati obliqui congruenti,
- **rettangolo** se uno dei lati obliqui è perpendicolare alle basi.

PROVA SUBITO Disegna il trapezio isoscele *ILMN*, di base maggiore *IL* e minore *NM*. Traccia le altezze *NH* e *MK* e, considerati i triangoli *NHI* e *MKL*, dimostra che gli angoli alla base del trapezio isoscele sono congruenti.

Esercizi

27 **Dimostra** che in un trapezio isoscele le proiezioni dei lati obliqui sulla base maggiore sono congruenti.

28 Dato un triangolo isoscele *ABC* di base *AB*, per un punto *D* di *AC* traccia la parallela *DE* alla base *AB*, con *E* appartenente a *BC*. **Dimostra** che *ABED* è un trapezio isoscele.

29 **Calcola** l'ampiezza di *x* e *y*.

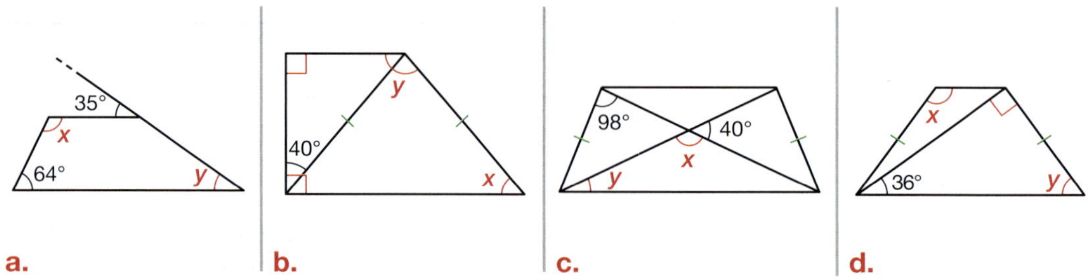

30 In un trapezio isoscele le basi sono una i $\frac{4}{5}$ dell'altra e la loro differenza è 12 cm. Il lato obliquo è la terza parte della base maggiore. **Calcola** il perimetro del trapezio. [148 cm]

31 Un quadrilatero avente gli angoli di ampiezza 72°, 86°, 108°, 94° può essere un trapezio? **Motiva** la risposta.

ESERCIZI DI RIEPILOGO PERPENDICOLARI E PARALLELE. PARALLELOGRAMMI E TRAPEZI

1 **Disegna** tre rette *a*, *b*, *c* per ciascuno dei seguenti casi:

- $a \parallel b$ e $b \parallel c$;
- $a \parallel c$ e $b \perp c$;
- $a \perp b$ e $b \perp c$;
- $a \perp c$ e $b \parallel c$.

2 **Indica** gli angoli congruenti all'angolo $\hat{1}$ e motiva la risposta.

Angoli	Motivazione
$\hat{1} \cong \hat{4}$	
$\hat{1} \cong \hat{5}$	angoli corrispondenti

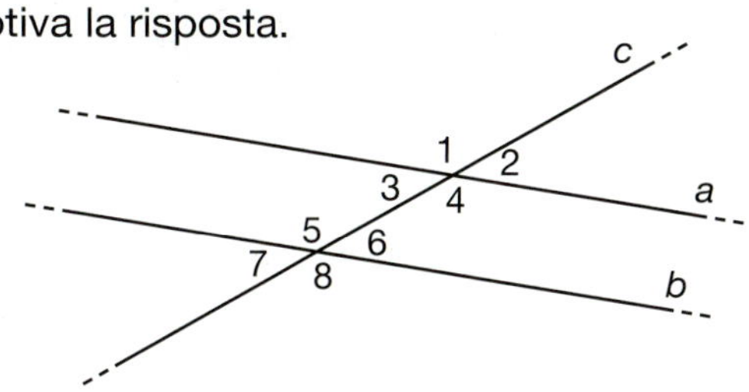

3 Date le rette $a \parallel b$ con trasversale *t* in figura, **calcola** le ampiezze di tutti gli angoli indicati con α_1, α_2, α_3, α_4, α_5, α_6, α_7, motivando la risposta.

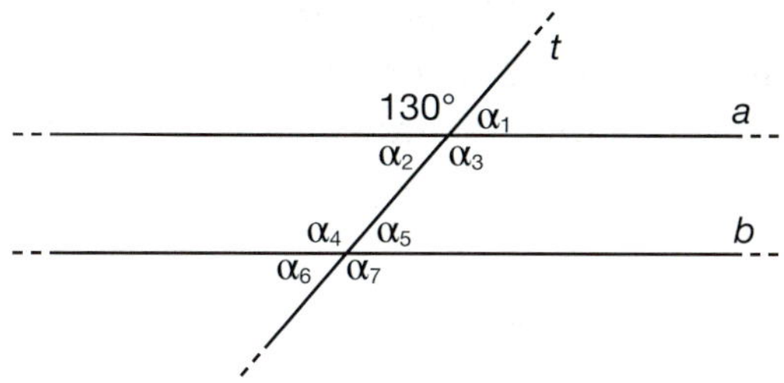

4 **Calcola** l'ampiezza di ciascuno degli angoli segnati in figura.

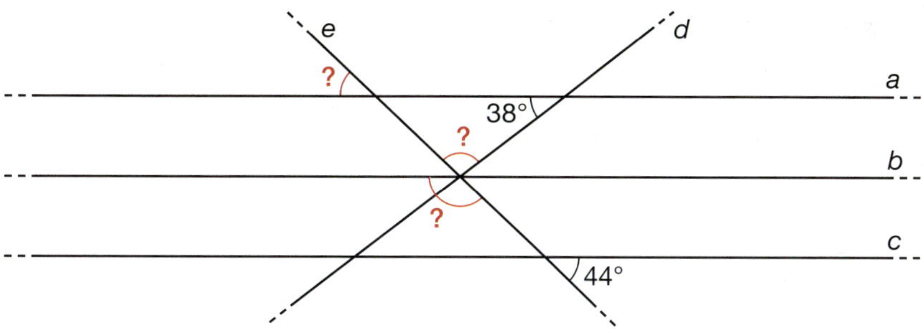

5 In un triangolo isoscele ogni angolo alla base supera l'angolo al vertice di 30°.
Determina l'ampiezza degli angoli interni e di quelli esterni del triangolo.

[70°; 70°; 40°; 110°; 140°]

6 Un parallelogramma ha un lato triplo dell'altro e la loro somma misura 80 cm.
Calcola la misura di ciascun lato del parallelogramma.
Calcola poi la misura del lato di un quadrato che ha perimetro uguale al lato maggiore del parallelogramma. [20 cm; 60 cm; 15 cm]

SEZIONE E GEOMETRIA

TE LO RICORDI ANCORA?

1 **Vero o falso?**

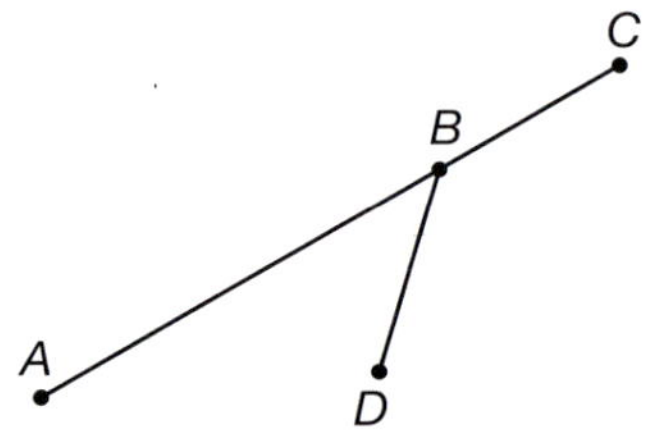

a. I segmenti AB e BC sono adiacenti. V F

b. I segmenti AB e BD sono adiacenti. V F

c. I segmenti AB e BD sono consecutivi. V F

d. $AB + BC = AC$ V F

2 **Completa**.

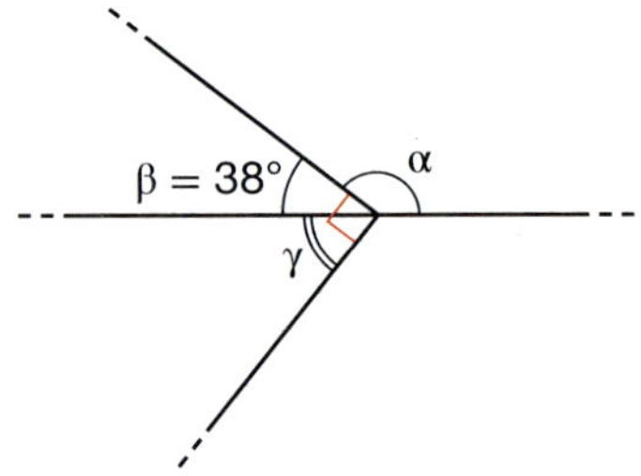

a. β e ___ sono angoli supplementari.

b. β e ___ sono angoli complementari.

c. $\alpha =$ ___°, $\gamma =$ ___°.

3 **Vero o falso?**

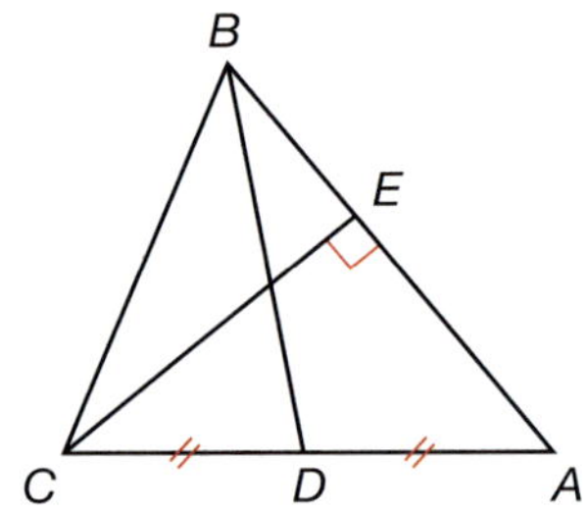

a. Il triangolo ABC è ottusangolo. V F

b. BD è la mediana relativa ad AC. V F

c. BD è la bisettrice dell'angolo $\widehat{B}$. V F

d. CE è l'altezza relativa ad AB. V F

4 **Completa** sapendo che le rette r e s sono parallele.

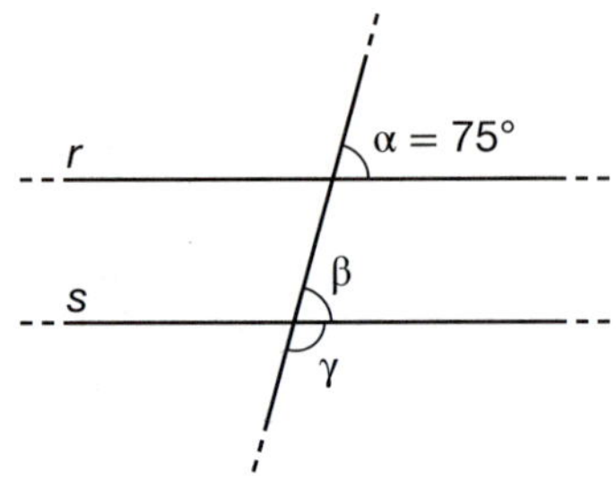

a. α e β sono angoli ___.

b. α e γ sono angoli ___ esterni.

c. $\beta =$ ___°, $\gamma =$ ___°.

5 **Completa** sapendo che $ABCD$ è un parallelogramma, $B\widehat{A}D = 60°$ e $AO = 3$ cm.

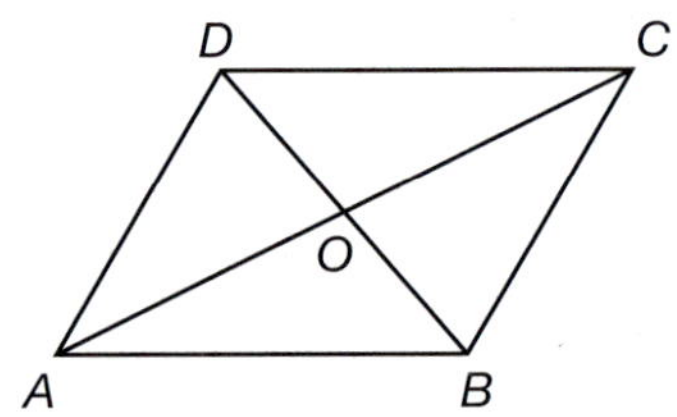

a. $B\widehat{C}D =$ ___°, $A\widehat{B}C =$ ___°.

b. $OC =$ ___ cm, $AC =$ ___ cm.

6 **Vero o falso?**

a. Un quadrilatero con tutti i lati congruenti è un quadrato. V F

b. Un quadrilatero con tutti gli angoli congruenti è un rettangolo. V F

c. In un rombo le diagonali sono perpendicolari. V F

d. In un trapezio rettangolo le diagonali sono congruenti. V F